高等学校"十二五"实验实训规划教材

金属材料工程认识实习指导书

张景进　陈　涛　戚翠芬　主　编
李秀敏　杨晓彩　副主编

U0342356

北　京
冶金工业出版社
2012

内 容 提 要

　　全书共分14章,主要内容包括烧结、球团、炼铁、炼钢、连铸、轧钢坯料加热、中厚板生产、热轧带钢生产、冷轧带钢生产、大型型钢生产、小型 H 型钢生产、棒材生产、高速线材生产、自动轧管机组生产无缝钢管等。本书内容力求简明扼要,以具体实例来说明问题,突出"认识"功能。

　　本书可作为冶金类本科院校、高职高专院校金属材料工程或材料工程技术专业的教学用书,也可作为冶金类院校其他专业的冶金概论教材使用。

图书在版编目(CIP)数据

　　金属材料工程认识实习指导书/张景进,陈涛,戚翠芬主编.
—北京:冶金工业出版社,2012.6
　　高等学校"十二五"实验实训规划教材
　　ISBN 978-7-5024-5995-6

　　Ⅰ.①金… Ⅱ.①张… ②陈… ③戚… Ⅲ.①金属
材料—高等学校—教材 Ⅳ.①TG14

　　中国版本图书馆 CIP 数据核字(2012)第 124706 号

出 版 人　曹胜利
地　　址　北京北河沿大街嵩祝院北巷39 号,邮编100009
电　　话　(010)64027926　电子信箱　yjcbs@ cnmip. com. cn
策划编辑　俞跃春　责任编辑　俞跃春　美术编辑　李　新
版式设计　葛新霞　责任校对　李　娜　责任印制　李玉山
ISBN 978-7-5024-5995-6
北京百善印刷厂印刷;冶金工业出版社出版发行;各地新华书店经销
2012 年6 月第1 版,2012 年6 月第1 次印刷
850mm×1168mm　1/32;5.5 印张;147 千字;164 页
15.00 元

冶金工业出版社投稿电话:(010)64027932　投稿信箱:tougao @cnmip. com. cn
冶金工业出版社发行部　电话:(010)64044283　传真:(010)64027893
冶金书店　地址:北京东四西大街46 号(100010)　电话:(010)65289081(兼传真)
　　　　(本书如有印装质量问题,本社发行部负责退换)

前　　言

　　本书是根据国家示范院校重点建设专业材料工程技术（轧钢）的课程改革要求及教材建设计划编写的，是国家示范院校建设的成果之一。本书作为讲义曾在河北工业职业技术学院使用多年，本书出版时增加了相关实例。本书也可供冶金类院校相关专业作为冶金概论教材使用。

　　本书为冶金类院校金属材料工程或材料工程技术专业的教学用书，主要讲述炼铁、炼钢、连铸、轧钢等方面的基本知识。在教学过程中，可通过认识实习，使学生初步接受现场操作技术，初步识别各种不同类型生产工艺及生产设备，并感受现场操作环境。

　　为便于其他院校使用，在内容编排上采用基本理论结合钢厂实例的方式，基本理论掌握思路，不同实例加深印象，便于学生学习。

　　本书由河北工业职业技术学院张景进、陈涛、戚翠芬担任主编，李秀敏、杨晓彩任副主编。参加编写的还有河北工业职业技术学院的刘燕霞、时彦林、黄伟青、张士宪以及河北钢铁集团邯钢公司的郭世伟、管连生、徐战华、张尚平、谢浩、刘永强、张辉等。

　　本书内容力求简明扼要，以具体实例来说明问题，突出"认识"功能。

　　编者在编写过程中参阅了一些相关著作和文献，在此，对相关文献作者一并表示由衷的感谢。

　　由于水平所限，书中不妥之处，敬请广大读者批评指正。

编　者
2012 年 4 月

目　录

1 "认识实习"课程标准

1.1 课程概述

1.1.1 课程的性质和作用

"认识实习"是冶金类院校金属材料工程或材料工程技术专业的一门专业实践环节课程,主要面向轧钢生产车间,如中厚板生产车间、棒材生产车间、线材生产车间、热轧带钢生产车间、冷轧带钢生产车间等,以轧钢生产车间的原料、加热、轧制、精整为重点认识环节,让学生了解轧钢生产所用设备及工艺流程,同时辅以炼铁生产车间、炼钢生产车间、连铸生产车间的参观,现场了解冶金生产全流程的基本知识,同时在下厂实习过程中与工人师傅和技术人员进行交流,感受钢铁生产的宏大场面,激发学习热情,培养专业思想。

在实习过程中,既注重培养学生的专业能力,又注重培养学生的社会能力和方法能力。培养具有创新精神、创新能力和实践能力,具有较强的社会适应能力和竞争能力的高素质技能型专门人才。

本课程的前导实践课程有"金工实习"。本课程的后续实践课程有"轧钢原料加热实训"、"热带钢轧制实训"、"中厚板轧制实训"、"型钢轧制实训"、"棒线材轧制实训"、"冷轧带钢生产实训"、"顶岗实习"、"毕业论文"等。

1.1.2 课程基本理念

本课程以职业能力培养为重点,并与行业企业合作进行课程开发与设计,充分体现课程的职业性、实践性和开放性的要求。

1.1.2.1 加强校企合作，进行课程开发

本门课程在目标设定、内容组织、教学过程、课程评价和教学资源开发等方面都有企业专家参与，保证本课程建设切合实际，符合生产现场的实际需要，重视学生校内学习与实际工作的一致性。

通过多年的教学实践和教学探索，并通过学习多位专家的课程设计理念，与企业共同开发课程，按轧钢生产设计学习项目，以完成工作任务为教学目标，使课程内容过程化、任务化，强调工艺的应用性和连贯性，利用学校和企业两种教育资源，创设学习情境和课程实施条件，合作建设教学文件、教材等教学资源，共同制订学生实习管理制度，共同制订学生工作和学习成果考核评价办法；在企业环境的课程实施过程中，共同管理和监控教学运行。

1.1.2.2 改革教学方法，体现行动导向

改革教学方法和手段，融"教、学、做"为一体，强化学生能力的培养。认识实习采用现场教学为主，在专任教师和兼职教师的指导、带领下，认识现场工艺和设备，积累轧钢生产基本知识。

1.1.2.3 突出学生主体，尊重个体差异

本门课程在目标设定、教学过程、课程评价和教学资源开发等方面都突出以学生为主体的思想。课程实施应成为在教师指导下构建知识、提高技能、活跃思维、展现个性和拓展知识视野的过程。

1.1.2.4 改变教学方式，运用现代技术

积极利用现代化教育教学手段，改变传统教学方式，从多角度、多层面为学生提供真实的专业技术环境，增加学生对知识的

感性认识和理性认识，培养学生分析问题、解决问题的能力。

1.1.2.5 注重过程评价，促进学生发展

构建能激励学生学习兴趣和自主学习能力的评价体系。该评价体系包括形成性评价和终结性评价。在教学过程中以形成性评价为主，注重培养和激发学生的学习积极性、自主学习能力和自信心，终结性评价应注重检验学生对知识掌握和应用的能力。评价要有利于促进学生的知识应用能力和健康人格的发展，促进教师不断提高教育教学水平，促进本门课程的不断完善与发展。

1.1.3 设计思路和依据

1.1.3.1 课程设计思路

A 确定教学内容

"认识实习"本着"理实"一体的教学思想；以就业为导向，以能力为本位，校企合作，企业专家深入参与的原则，根据生产现场技能要求，确定教学内容。

B 教学内容安排

紧密结合行业企业实际，与行业企业技术人员、能工巧匠共同研究，按照人的认知规律，总体上按照生产工作过程由易到难的原则组织教学内容。

C 教学特点和教学方法

本着"理实"一体的教学思想，采用现场教学，在真实的任务实施过程中，师傅（老师）少讲，学生多练，在教学过程中体现学生主体地位，使学生参与到教学设计中，体现出教、学、做一体的教学要求。

应用现代教学手段，通过网络提供教学资源、技术资料和教学辅导，实现远程互动教学。

在教学过程中，注重过程指导、过程监督、过程评价。

1.1.3.2 课程设计要求

本课程设计的要求有《河北工业职业技术学院关于编制课程标准的原则意见》、《材料工程技术专业人才培养方案》、《材料工程技术专业调研报告》、《国家职业技能鉴定标准——轧钢卷》等。

1.2 课程目标

1.2.1 知识性目标

本课程设置的知识性目标为:
(1) 能复述轧钢生产企业的产品分类,产品标称。
(2) 能分析叙述轧钢生产工艺流程。
(3) 能归纳轧钢生产车间主要设备的标称、功能、原理。

1.2.2 技能性目标

要求达到的技能性目标如下:
(1) 能够说出常见产品名称。
(2) 能够叙述生产工艺流程。
(3) 能够说出设备的功能、作用。
(4) 能够识别现场的安全通道及危险源。

1.2.3 专业素质性目标

培养学生达到如下专业素质目标:
(1) 养成负责地执行技术规程的习惯,形成严谨、认真的工作态度,具有良好的敬业精神。
(2) 培养一定的技术能力和职业规划能力,为迎接未来社会挑战、提高生活质量、实现终身发展奠定基础。
(3) 形成和保持对技术的兴趣和学习愿望,具有正确的技术观和较强的技术创新意识,促进学生全面而富有个性的发展。
(4) 增强质量意识、效益意识,具有服务社会的责任感和为祖国社会主义现代化建设甘于奉献的精神。

1.3 内容标准

"认识实习"是一门实践性很强的课程。通过对本课程的学习，使金属材料工程或材料工程技术专业的学生能够了解轧钢生产所用设备及工艺流程，积累冶金生产基本知识，同时在下厂实习过程中与工人师傅和技术人员进行交流，感受钢铁生产的多样性，激发学习热情，培养专业思想，融"教、学、做"为一体，全面提高学生的专业能力、社会能力和方法能力。课程内容与教学要求见表1-1。

表1-1 课程内容与教学要求

序号	项目名称	工作任务	内容和教学要求	教学活动设计	天数
1	炼铁生产	参观炼铁厂	叙述烧结、球团、炼铁的生产工艺过程，说明烧结、球团、炼铁的设备概况	首先，学生根据实习指导书预习，实习前专任教师讲课，然后由专任教师和兼职教师带队分组下厂，回来后，由兼职教师授课，再下厂，写实习报告	1
2	炼钢、连铸生产	参观炼钢厂	叙述炼钢、连铸的生产工艺过程，说明炼钢、连铸的设备概况		1
3	中厚板生产	参观中厚板厂	叙述车间组成和生产工艺流程，比较各车间能力，明确原料供应的形式，说明轧钢车间设备组成及功能。具体要求： （1）原料段：原料的规格，原料的运输设备类型； （2）加热段：加热炉的类型，供热布置，进出料设备的结构与动作原理，燃料的类型、烧嘴形式； （3）轧制段：各种产品的轧制过程，生产产品所用孔型（辊型）系统及其特点、导卫装置的类型，轧机布置形式、轧机类型、轧机主传动系统； （4）精整段：钢材冷却方法，钢材的检查和缺陷处理。各种剪机、锯机、矫直机、卷取机、打包机的作用、结构，冷床类型、结构、能力		2
4	热轧带钢生产	参观热轧带钢厂			1
5	冷轧带钢生产	参观冷轧带钢厂			1
6	大型型钢生产	参观大型型钢厂			2
7	小型H型钢生产	参观小型H型钢厂			1
8	棒材生产	参观棒材厂			2
9	高速线材生产	参观高速线材厂			1
10	无缝钢管生产	参观无缝钢管厂			2

续表 1-1

序号	项目名称	工作任务	内容和教学要求	教学活动设计	天数
11	答辩	成绩考核	所有参观厂的生产工艺流程、生产能力、原料的供应、设备组成及功能	由专任教师和兼职教师分组逐个答辩	1
			总　计		15

1.4　课程实施建议

1.4.1　教学条件

根据课程教学需要，结合实际条件，列出本课程教学所用实训基地、主要教学设备及对应教学项目见表 1-2。

表 1-2　学习场地和设施要求

序号	项目名称	学习场地	设施要求
1	炼铁生产	炼铁厂	烧结、球团、高炉等
2	炼钢、连铸生产	炼钢厂	转炉、连铸机等
3	中厚板生产	中厚板厂	加热炉、轧钢机、精整机械等
4	热轧带钢生产	热轧带钢厂	加热炉、轧钢机、精整机械等
5	冷轧带钢生产	冷轧带钢厂	酸洗槽、轧钢机、退火机组、平整机等
6	大型型钢生产	大型型钢厂	加热炉、轧钢机、精整机械等
7	小型 H 型钢生产	小型 H 型钢厂	加热炉、轧钢机、精整机械等

序号	项目名称	学习场地	设施要求
8	棒材生产	棒材厂	加热炉、轧钢机、精整机械等
9	高速线材生产	高速线材厂	加热炉、轧钢机、精整机械等
10	无缝钢管生产	无缝钢管厂	加热炉、穿孔机、轧管机、精整机械等

1.4.2　师资要求

本课程的任课教师应具有以下条件：具有材料工程技术专业的工程技术水平及技术能力，具备课程教学设计能力、组织能力、语言沟通表达能力，青年教师应具有硕士及以上学位，讲师以上职称，具有高校教师资格证书，下厂锻炼累计时间超过两年，能够指导校内及校外实习实训，能够遵循高职教育规律组织实施教学，具有基于行动导向的教学设计能力，掌握先进的教学方法和具备驾驭课堂的能力，具有良好的职业道德、遵纪守法意识和责任心。

兼职教师应具有以下要求：具有轧钢生产现场两年以上实际工作经验，具有轧钢专业的高级工或工程师及以上职业资格证书，具有参与高等职业教育教学改革的热情和基本能力，具有良好的语言表达能力。

1.4.3　教学方法建议

1.4.3.1　项目教学法

项目教学法是把整个学习过程分解为一个个具体的项目或事件，设计出一个个项目教学方案，在教师的引导下对项目进行分解，让学生分组围绕各自的项目进行讨论、协作学习与实际操作训练，最后以共同完成项目的情况来评价学生是否达到教学目的的一种教学方法。

1.4.3.2   自学法

教师在教学过程中应多设置悬念或设置能激发学生学习兴趣的情景。要提高学生的自学能力，教师在讲课时可以先提出问题，给学生一定的自学时间，再让学生讲述自己的观点，然后和大家一起讨论，在此，应想尽办法调动所有学生参与讨论的积极性，使大家都在思考问题，想发表自己的观点，问题答案基本明确时，教师再进行总结。

1.4.3.3   现场教学法

现场教学法是教师和学生同时深入现场，通过对现场事实的调查、分析和研究，提出解决问题的办法，总结出可供借鉴的经验，从事实材料中提炼出新观点，从而提高学生运用理论认识问题、研究问题和解决问题能力的教学方式和方法。

1.4.3.4   小组讨论法

小组讨论法是以合作学习小组为单位，学生围绕教师提出的有关专题，主要是通过大家互相交流和学习，让大家的认识更进一步。

1.4.4   课程资源的开发与利用建议

学生除学习本书外，还建议本课程对教学参考资料、试题库、音像资料与现代信息技术教学资源、网络教学资源、图书教学资源、智力资源、社会资源（如媒体、社区、博物馆等）等方面开发和利用。

（1）基本教学资源：建设涵盖填空、选择、简答等多题型的试题库；建设电子教学课件；收集多媒体素材；认真做好课程授课计划；从现场收集工艺文件、视频资料；购买或开发仿真与虚拟软件等。

（2）网络教学资源：充分利用学校网络资源，进行课程网站建设，把教案和讲义上网，为学生提供相关的课程网站和网络课程；使学生利用我校图书馆的网络资源，浏览电子书籍、期刊、数字图书馆、电子论坛等。

（3）挖掘实际生产现场素材，随课程内容进行不同现场教学。

1.4.5 评价及标准

在能力本位的课程考核中，依据本课程性质可以采取灵活多样的考核方式，并提供具体的成绩评定办法，在考虑考核方式时，要做好几个结合：实践与理论结合，既要有以考核技能为主的操作考核，又要有以测试认知水平的知识考核；仿真与现场结合，既要在模拟的职业环境中考核，又要在真实的职业活动中考核；结果与过程结合，既要重视最终工作任务完成情况，又要重视学生能力形成的整个学习过程。应保留包含工作质量、个人素质和合作能力的评价表等原始考核材料。

（1）实习指导教师依据学生实习期间的平时表现（实习态度、组织纪律、研究精神）、实习报告、实习总结的完成情况综合考核，按优、良、中、及格、不及格五级评定。

（2）对如下情况之一者评为不及格：

1）实习态度极不端正，不交实习报告、实习总结者。

2）实习期间有重大违纪行为造成很坏影响者。

3）实习期间累计旷课两天或迟到早退累计五次以上者。

1.5 实训管理

（1）系、教研室应加强领导，统一安排，全面管理。

（2）在整个实习期间指导教师要认真组织、严格要求、关心同学、全面负责，并切实做好学生的安全教育工作。

（3）学生下厂实习时要遵守工厂各项规章制度，特别要注意安全，要听从教师的安排与指挥，加强组织性与纪律性，下厂时要不怕热、不怕累，要讲礼貌、讲谦让，不抢不挤，同时要严格执行请假制度。对违反纪律者，要批评教育，若情节严重时应给予纪律处分。

在教学活动中要从学生实际出发，创设有助于学生自主学习的问题情境，引导学生通过实践、思考、探索、交流，获得知识，形成技能，发展思维，学会学习，促进学生在教师指导下主动地、富有个性地学习。

在教学活动中，教师应发扬教学民主，成为学生学习专业知识的组织者、引导者、合作者；要善于激发学生的学习潜能，鼓励学生大胆创新与实践，要创造性地使用指导书，积极开发利用各种教学资源，为学生提供丰富多彩的学习素材；注意冶金生产技术的新发展，适时引进新的教学内容。按照学生学习的规律和特点，以学生为主体，充分调动学生学习的主动性、积极性。

复习思考题

1-1 认识实习的作用是什么？
1-2 认识实习如何考核？

2 冶金工业概述

2.1 冶金工业在国民经济中的地位与意义

冶金工业是国民经济的重要基础，是向国民经济各部门如工业、农业、交通运输业、国防工业等提供金属材料的基础工业。因此，它是实现国家强盛的物质基础之一。

煤炭、石油、化工、机械制造、电站、交通运输、轻工业、农业、国防建设及科学技术等所有部门，都需要各种各样的金属材料，特别是钢材。建造一座较大规模的工业厂房就需要各种钢材如钢筋、钢梁及屋面板等几千吨甚至几万吨；铺设一公里铁路，仅钢轨一项就要用 100 多吨；制造一辆汽车，就需要三千多种不同规格的钢材；造一艘万吨巨轮，要用近 6000t 钢材；国防建设与宇航技术更是需要各种高、精、尖的金属材料。因此，冶金工业在国民经济的发展中起着非常重要的作用。

冶金工业通常分为黑色冶金工业（即钢铁工业）和有色冶金工业。钢铁工业主要是指生铁、钢、铁合金以及各种各样的钢材产品的生产。有色冶金工业主要是包括铝、镁、铜、锌及黄金等各种有色金属材料的生产。它们的基本生产环节大体是一致的，同属一门冶金学科。

冶金生产，特别是钢铁生产，是一个非常庞大、十分复杂的工业体系。通常，它包括采矿、选矿、烧结、焦化、炼铁、炼钢、轧钢及耐火材料与机械动力等各种生产部门，是一个生产环节繁多又相互有机配合的综合体。

2.2 钢铁联合企业的生产系统

钢铁联合企业的基本生产环节为：

采矿→选矿→烧结（球团）→炼铁→炼钢→轧钢

采矿、选矿、烧结、球团是为了炼铁准备原料。炼铁厂生产的生铁，除一小部分用于铸造各种生铁铸件外，主要是作为炼钢的主要原料。而炼钢厂生产的钢坯主要用作轧钢厂的原料，轧成各种各样品种规格的钢材。一个钢铁联合企业应包括矿山、烧结、球团、焦化、炼铁、炼钢、轧钢等主要的车间。此外，还有许多相应的辅助车间如发电厂或电站等动力设施，供应各车间的煤气、蒸汽、压缩空气、水等热力—供水设施、机修车间等。

2.3 轧钢生产

在轧制、锻造、挤压、拉拔、冲压等金属压力加工方法中，轧制生产具有生产效率高、产量大、品种多、自动化程度高等优点，轧制是钢材生产中最主要的成型方法，绝大多数钢材都通过轧制生产方式获得。

钢材品种多种多样，分类方法也有很多，按照钢材的断面形状来分类，可以分为型钢（角钢、槽钢、螺纹钢、工字钢、圆钢等）、板带钢（钢板、钢带）、钢管和特殊用途钢材（齿轮、车轮、钢球、螺丝、丝杠等）四类。

将化学成分和形状不同的连铸坯或者钢锭，轧成形状和性能符合要求的钢材，需要经过一系列的工序，这些工序的组合和顺序称做工艺过程。由于钢材的品种繁多，规格形状、钢种和用途各不相同，所以轧制不同产品采用的工艺过程也不同。

但是整个轧钢生产工艺过程总是由以下几个基本工序组成的：

（1）原料及准备。轧制时所用的原料有三类：钢锭、初轧坯和连铸坯。

原料区的操作包括原料的切断、表面缺陷的清理和坯料的预先热处理等。

（2）原料加热。原料加热具有以下目的：

1）提高钢的塑性，降低变形抗力。

2）改善金属的内部组织和性能。坯料中的不均匀组织通过高温加热的扩散作用使组织均化，消除偏析。

3）通过对加热温度的控制，控制钢中碳氮化合物的溶解度，控制原始晶粒度的大小。

原料加热的质量影响到轧钢生产的质量、产量及能耗。合理地确定加热制度，加热出合乎质量要求的原料，是优质、高产、低消耗地生产钢材的首要条件。

（3）钢的轧制。轧制是整个轧钢生产工艺过程的核心。坯料通过轧制完成变形过程。轧制工序对产品的质量起着决定性作用。

轧制产品的质量要求包括产品的几何形状和尺寸精确度、内部组织和性能以及产品表面质量三个方面。制订轧制规程的任务是，在深入分析轧制过程特点的基础上，提出合理的工艺参数，达到上述质量要求并使轧机具有良好的技术经济指标。

（4）精整是轧钢生产工艺过程中的最后一个工序，也是比较复杂的一个工序。它对产品的质量起着最终的保证作用。产品的技术要求不同，精整工序的内容也大不相同。精整工序通常包括钢材的切断或卷取、轧后冷却、矫直、成品热处理、成品表面清理和标志等许多具体工序。

复习思考题

2-1　钢铁联合企业大的基本生产环节有哪些？
2-2　按照钢材的断面形状把钢材分成哪几类？
2-3　整个轧钢生产工艺过程由哪几个基本工序组成？
2-4　原料加热的目的是什么？

3 烧结、球团生产

3.1 烧结概述

随着钢铁工业的发展，天然富矿从产量和质量上都不能满足高炉冶炼的要求，而大量贫矿经选矿后得到的粉状精矿和天然富矿粉都不能直接入炉冶炼。为解决这一矛盾，通过人工方法，将这些粉矿制成块状的人造富矿，以供高炉使用。这样既解决了天然富矿的不足，开辟和利用了铁矿资源，又通过改善人造富矿的冶金性能，为进一步发展钢铁工业开创了新的原料来源。

目前生产人造富矿的方法，主要有烧结法和球团法。烧结法生产的人造富矿称为烧结矿，球团法生产的人造富矿称为球团矿，又统称为熟料。

所谓烧结，即是将各种粉状含铁原料，配入一定数量的燃料和熔剂，均匀混合制粒，然后放到烧结设备上点火烧结。在燃料燃烧产生高温和一系列物理化学反应的作用下，混合料中部分易熔物质发生软化、熔化，产生一定数量的液相，并润湿其他未熔化的矿石颗粒。当冷却后，液相将矿粉颗粒黏结成块，这个过程称为烧结，所得的块矿称为烧结矿。

通过烧结，可以利用工业生产中的副产品，如高炉炉尘、转炉炉尘、轧钢皮、硫酸渣等，变废为宝，合理利用资源，扩大原料来源，降低生产成本，美化净化环境。

目前应用最广的是带式抽风烧结机，因为它具有生产率高，原料适应性强，机械化程度高，劳动条件好和便于大型化、自动化生产的特点，所以世界上有 90% 以上的烧结矿是由这种方法生产的。

3.2 烧结原料

含铁原料、熔剂及燃料是烧结生产的物质基础，原燃料性质如何对烧结生产过程和烧结矿的品质影响极大。

3.2.1 含铁原料

3.2.1.1 铁矿石（精矿粉、富矿粉）

自然界中含铁矿物很多，能作为炼铁原料的只有 20 多种。它们按照含铁矿物的组成不同，可以分为磁铁矿（Fe_3O_4）、赤铁矿（Fe_2O_3）、褐铁矿（$mFe_2O_3 \cdot nH_2O$）、菱铁矿（$FeCO_3$）四大类。

3.2.1.2 其他含铁原料

其他含铁原料主要指高炉炉尘、转炉炉尘、轧钢皮、硫酸渣等。

3.2.2 熔剂

在烧结生产中加入熔剂，不仅可改善烧结过程，强化烧结，提高烧结矿产量、质量，而且可以向高炉提供自熔性或高碱度的烧结矿，强化高炉生产。

熔剂按其性质可分为中性、酸性和碱性三类熔剂。由于我国铁矿石的脉石多数是酸性氧化物（SiO_2），所以普遍使用碱性熔剂。常用的有石灰石（$CaCO_3$）、白云石（$CaCO_3 \cdot MgCO_3$）、生石灰（CaO）及消石灰[$Ca(OH)_2$]等。

3.2.3 燃料

烧结生产使用的燃料分为点火燃料和烧结燃料两种。

3.2.3.1 点火燃料

点火燃料一般用气体燃料。气体燃料分为天然和人造两种。天然气体燃料为天然气，仅有少数国家使用。大部分皆使用人造气体燃料，人造气体燃料主要是焦炉煤气、高炉煤气和发生炉煤气。

通常采用的是高炉煤气和焦炉煤气的混合气体,其发热值取决于二者混合的比例。

3.2.3.2 烧结燃料

烧结燃料是指在烧结料层中燃烧的固体燃料。一般常用的固体燃料主要是碎焦粉和无烟煤粉。

3.3 烧结生产工艺

将准备好的矿粉、燃料和熔剂,按一定的比例配料,然后再配入一部分烧结机尾筛分的返矿,送到混合机混匀和造球。混好的料由布料器铺到烧结机台车上点火烧结。烧成的烧结矿,经破碎机破碎以及筛子筛分后,筛上物进行冷却和整粒,作为成品烧结矿送往高炉。筛下物为返矿,返矿配入混合料重新烧结。烧结过程产生的废气经除尘器除尘后,由风机抽入烟囱,排入大气。

现行常用的烧结生产工艺流程如图 3-1 所示。

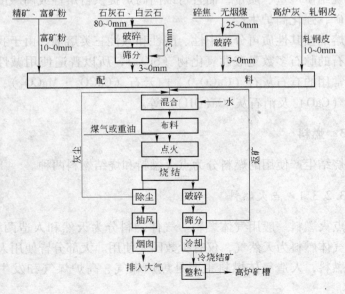

图 3-1 烧结生产工艺流程

3.4 球团矿

球团是矿粉造块的一项工艺。近十年来，球团矿生产发展很快。

球团矿是把精矿粉与添加剂（皂土、消石灰等）混均之后，压滚成直径为 10mm 的生球，然后经干燥、再焙烧而固结。此时，球团矿的固结不是靠液相，而是靠颗粒之间由于高温焙烧产生晶键而固结起来的。因而球团矿粒度均匀、透气性好、易还原，并适合用全部细磨精矿作焙烧原料。

造球机主要有圆盘和圆筒式造球机。圆盘造球机造出的生球粒度比较均匀，强度较好，生球不需过筛。我国球团厂一般采用圆盘造球机。

球团矿的焙烧设备用竖炉或带式焙烧机或链算机—回转窑。焙烧用的燃料主要是高炉、焦炉的混合煤气。球团焙烧包括干燥、预热、高温焙烧（1250℃左右）、均热和冷却等几个阶段。

复习思考题

3-1 什么是烧结，什么是球团，目的何在？
3-2 烧结和球团使用什么原料？
3-3 简述烧结生产的工艺过程。
3-4 简述球团生产的工艺过程。
3-5 简述你所参观工厂的设备概况。

4 炼铁生产

一般所说的"铁"实际上是指生铁。所谓炼铁，就是指生铁的冶炼，是指铁矿石、熔剂和燃料在高炉中冶炼出来的一种以铁为基，含碳量为 1.7% ~ 4.5%，同时含有少量的硅、锰、硫、磷等元素的铁碳合金。生铁除了一少部分用于铸造外，绝大部分是作为炼钢原料。

4.1 高炉炼铁原理及流程

高炉炼铁的本质是铁的还原过程，即焦炭做燃料和还原剂，在高温下将铁矿石或含铁原料的铁，从氧化物或矿物状态（如 Fe_2O_3、Fe_3O_4、Fe_2SiO_4、$Fe_3O_4 \cdot TiO_2$ 等）还原为液态生铁。

冶炼过程中，炉料（矿石、熔剂、焦炭）按照确定的比例通过装料设备分批地从炉顶装入炉内。从下部风口鼓入的高温热风与焦炭发生反应，产生的高温还原性煤气上升，并使炉料加热、还原、熔化、造渣，产生一系列的物理化学变化，最后生成液态渣、铁聚集于炉缸，周期地从高炉排出。煤气流上升过程中，温度不断降低，成分逐渐变化，最后形成高炉煤气从炉顶排出。高炉炼铁工艺流程，如图4-1所示。

高炉冶炼过程可以归纳为以下4个主要过程：

（1）还原过程。用还原剂夺取氧化铁中的氧，而使铁被还原出来。

（2）造渣过程。把还原出来的铁与脉石分开，并去除有害杂质（如硫等）。

（3）渗碳过程。铁吸收碳素，就变成熔点低而含碳高的生铁，并转变成液体，从而顺利流出高炉。

（4）燃烧过程。焦炭在炉缸风口前燃烧，生成 CO 提供还原

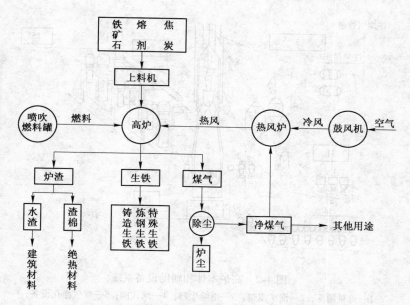

图 4-1 高炉炼铁工艺流程图

过程使用的还原剂和冶炼所需要的热量。

4.2 高炉系统

用于炼钢和机械制造等行业的生铁绝大多数是由高炉生产出来的。高炉生产是由一个高炉本体和 5 个辅助设备系统完成的，如图 4-2 所示。高炉大小是由高炉的有效容积来表示。高炉两次大修之间的时间间隔称为高炉一代寿命。

4.2.1 高炉本体

高炉是一个竖直的圆筒形炉子，外面用钢板制成炉壳，里面用耐火砖砌筑成炉衬。高炉本体包括炉基、炉壳、炉衬、冷却设备、炉顶装料设备等。高炉的内部自上而下分为炉喉、炉身、炉腰、炉腹、炉缸五段。整个冶炼过程是在高炉内完成的。炉料自炉喉上部装入炉膛，铁水和炉渣分别从位于炉缸下部的出铁口、

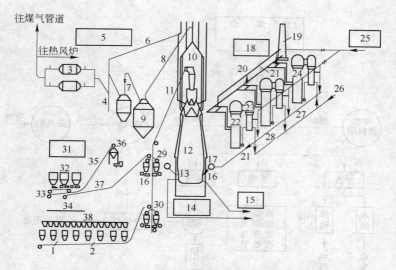

图 4-2　高炉本体和辅助设备系统

1—称量漏斗；2—漏矿皮带；3—电除尘器；4—闸式阀；5—煤气净化设备；

6—净化煤气放散管；7—文氏管煤气洗涤器；8—下降管；9—除尘器；

10—炉顶装料设备；11—装料传送皮带；12—高炉；13—渣口；14—高炉本体；

15—出铁场；16—铁口；17—围管；18—热风炉设备；19—烟囱；20—冷风管；

21—烟道总管；22—蓄热室；23—燃烧室；24—混风总管；25—鼓风机；

26—净煤气；27—煤气总管；28—热风总管；29—焦炭称量漏斗；

30—碎铁称量漏斗；31—装料设备；32—焦炭槽；33—给料器；34—原料设备；

35—粉焦输送带；36—粉焦槽；37—漏焦皮带；38—矿石槽

出渣口排出，因为炉渣密度小，浮在铁水上面，所以渣口比铁口位置稍高。风口位于炉缸的上部，沿高炉四周均匀分布，通过围管和风口把热风吹到炉内，以供焦炭燃烧之用。高炉煤气沿炉喉上方的煤气上升管排出。炉缸在出铁口以下有一死铁层保护着炉底，使炉底免遭炉渣和煤气的侵蚀和冲刷。

4.2.2　上料系统

上料系统包括储矿槽、料车坑、斜桥、卷扬机、上料车、皮带上料机、原料筛分设备等。烧结矿、焦炭入炉前要经筛分设备进行筛分，由称量漏斗进行称重。高炉上料机主要由斜桥、料车和卷扬机三部分组成。斜桥是连接料车坑与炉顶的大型金属桁架构件，两个上料小车在斜桥上面一上一下地交替运行把各种原料运至炉顶。上料小车由卷扬机拖动。大型高炉上料系统采用皮带上料系统。

4.2.3 送风系统

送风系统包括鼓风机、热风炉、冷风管道、热风管道、热风围管等。其任务是将风机送来的冷风经热风炉预热以后送入高炉。

我国大中型高炉大多数采用离心风机。大量空气经过热风炉加热后吹入高炉与焦炭发生反应，产生铁矿石还原所必需的热量和还原剂。提高热风温度是降低焦比提高产量的有效措施之一，高炉平均风温已达 1200 ~ 1300℃。

现代高炉一般采用蓄热式热风炉。其工作原理是先用高炉煤气在燃烧室中燃烧产生的高温废气，通过蓄热室使格子砖预热，然后切断煤气，停止燃烧，再让鼓风机送来的冷风进入蓄热室吸收其热量变为热风，并通过热风管道送进高炉。每座高炉必须有三到四座热风炉，轮流交替地进行燃烧加热和送热风，才能保证高炉连续不断地得到大量的高温空气。

4.2.4 煤气净化系统

煤气净化系统包括煤气导出管、上升管、下降管、重力除尘器、洗涤塔、文氏管、脱水器及高压阀组等，有的高炉用布袋除尘器进行干法除尘。其任务是将高炉冶炼所产生的荒煤气进行净化处理，以获得合格的气体燃料。

4.2.5 渣铁处理系统

渣铁处理系统的主要设备包括：装运炉渣、铁水的渣罐、铁罐；把铁水铸成块的铸铁机及设有出渣沟、出铁沟、渣铁分离器

（也称为小坑或撒渣器）的出铁场，出渣，换风口等操作的风口平台，冲水渣用的水渣池；开铁口的开口机、堵渣口的堵渣机、出完铁后用来堵铁口的泥炮的炉前机械设备等。

4.2.6　喷吹燃料系统

喷吹燃料系统包括喷吹物的制备、运输和喷入设备等。从风口向高炉内喷吹燃料（如天然气、重油、煤粉）是现代高炉生产中的一项重要措施。喷吹的目的在于节省冶金焦炭，降低焦比，提高产量及热效率。根据我国资源条件，以喷煤粉为主。

4.3　高炉产品

高炉生产的主要产品是生铁，同时也生产出数量很大的高炉煤气、炉渣和炉尘等副产品。高炉炉渣一般将其冲制成水渣，用作水泥原料，也可制成渣棉作隔声、保温材料。

复习思考题

4-1　什么是铁，什么是炼铁？

4-2　高炉冶炼过程中发生哪些变化或反应？

4-3　简述炼铁生产的工艺过程。

4-4　简述你所参观工厂的设备概况。

4-5　高炉冶炼的主要产品和副产品有哪些？

5 炼钢、连铸生产

钢和生铁最根本的区别是含碳量不同，生铁中 $w(C) > 2\%$，钢中 $w(C) < 2\%$。含碳量的变化引起铁碳合金质的变化。钢的综合性能，特别是力学性能（抗拉强度、韧性、塑性）明显优于生铁，从而用途也比生铁更加广泛。因此，除约占生铁总量 10% 的铸造生铁用于生产铸铁件外，约占生铁总量 90% 的炼钢生铁要进一步冶炼成钢，以满足国民经济各部门的需要。

5.1 炼钢的基本任务

所谓炼钢，就是通过冶炼降低生铁中的碳和去除有害杂质，再根据对钢性能的要求加入适量的合金元素，使之成为性能优良的钢。

炼钢的基本任务可归纳如下：

（1）脱碳。在高温熔融状态下进行氧化熔炼，把生铁中的碳氧化降低到所炼钢种要求的范围内，这是炼钢过程一项最主要的任务。

（2）去磷和去硫。把生铁中的有害杂质磷和硫降低到所炼钢号的规格范围内。

（3）去气和去非金属夹杂物。把熔炼过程中进入钢液中的有害气体（氢和氮）及非金属夹杂物（氧化物、硫化物和硅酸盐等）排除掉。

（4）脱氧与合金化。把氧化熔炼过程中生成的对钢质有害的过量的氧（以 FeO 形式存在）从钢液中排除掉；同时加入合金元素，将钢液中的各种合金元素的含量调整到所炼钢种的规格范围内。

（5）调温。按照冶炼工艺的需要，适时地提高和调整钢液温度到出钢温度。

（6）浇注。把冶炼好的合格钢液浇注成一定尺寸和形状的钢锭、连铸坯或铸件，以便下一步轧制成钢材或锻造成锻件。

5.2 现代炼钢方法

现代炼钢方法主要有氧气转炉炼钢法和电炉炼钢法。

氧气转炉炼钢法以氧气顶底复合吹炼转炉炼钢法和氧气顶吹转炉炼钢法为主，此外还有氧气底吹转炉炼钢法、氧气侧吹转炉炼钢法，主要用于普碳钢和低合金钢的冶炼。

电炉炼钢法以交流电弧炉炼钢为主，同时也有少部分直流电弧炉炼钢、感应炉炼钢等，主要用于特殊钢、高合金钢及普碳钢的冶炼。

特殊炼钢法有电渣重熔法和不同形式的真空冶金法，主要用于某些尖端技术或特殊用途、要求特高质量的钢。

5.3 转炉炼钢原料

转炉炼钢使用的原材料包括：金属料（铁水、废钢、铁合金）；非金属料（造渣料、冷却剂等）；气体（O_2、N_2、Ar 等）。

5.3.1 铁水

铁水是转炉炼钢的基本原料，一般占装入量的 70% ~ 100%，铁水的物理热和化学热是转炉炼钢的基本热源。因此，对铁水温度和化学成分要严格控制。

转炉炼钢一般采用高炉铁水热装，在无高炉铁水的小型转炉车间，则采用化铁炉供应铁水。

目前，转炉炼钢车间铁水供应有以下几种方式。

5.3.1.1 混铁炉供应铁水

混铁炉供应铁水工艺流程为：

　　高炉→铁水罐车→混铁炉→铁水罐→称量→转炉

　　混铁炉的作用主要是储存并混匀铁水的成分和温度。如图5-1所示，混铁炉由炉体、炉盖开启机构和炉体倾动机构组成。炉型一般采用短圆柱炉型，其中段为圆柱形，两端端盖近于球面形。受铁口在顶部，混铁炉的一侧设出铁口兼作出渣口。也有出铁口和出渣口分设于混铁炉两侧的。在混铁炉两端和出铁口的上方分别设燃烧器，用煤气或重油等燃烧加热。

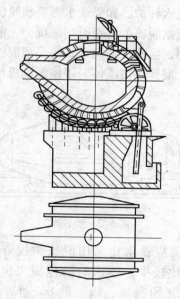

图 5-1　混铁炉示意图

　　混铁炉受铁口和出铁口皆有炉盖。通过钢丝绳绕过炉体上的导向滑轮独立地驱动炉盖的开启。

　　混铁炉一般采用齿轮和齿条传动的倾动机构。齿条与炉壳的凸耳铰接，由小齿轮传动，小齿轮由电动机通过减速器驱动。

　　混铁炉容量取决于转炉容量和转炉定期停炉期间的受铁量。目前国内标准混铁炉系列为 300t、600t、900t、1300t。世界上最大容量的混铁炉达 2500t。

5.3.1.2 混铁车供应铁水

混铁车供应铁水工艺流程为：

高炉→混铁车→铁水罐→称量→转炉

混铁车又称鱼雷罐车，如图 5-2 所示。采用混铁车供应铁水时，高炉铁水出到混铁车内，由铁路机车将混铁车牵引到转炉车间罐坑旁。转炉需要铁水时，将铁水倒入坑内的铁水罐中，经称量后由铁水吊车兑入转炉。如果铁水需要预脱硫处理时，则先将混铁车牵引到脱硫站脱硫，再牵引到罐坑旁。混铁车兼有运送和贮存铁水两种作用，实质上是列车式的小型混铁炉，或者说是混铁炉型铁水罐车。混铁车由罐体、罐体倾动机构和车体三大部分组成。

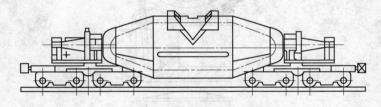

图 5-2 混铁车

采用混铁车供应铁水比采用混铁炉投资少，铁水在运输过程中散热降温比较少，铁水的沾包损失也较少。并有利于进行铁水预处理（预脱硫、磷、硅）。随着高炉大型化和采用精料等，混铁炉使铁水成分波动小的混合作用已不明显。故近几年来，新建大型转炉车间多采用混铁车。如宝钢为600t 的混铁车。

5.3.1.3 铁水罐车供应铁水

铁水罐车供应铁水工艺流程为：

高炉→铁水罐车→铁水罐→称量→转炉

采用铁水罐车供应铁水时，高炉铁水出到铁水罐内，由铁路运进转炉车间，转炉需要时倒入转炉车间铁水罐内，称量后兑入转炉。这种供应方式设备最简单，投资最少。但在运输和待装过程中降温较大，铁水温度波动较大，不利于稳定操作，还容易出现粘罐现象，当转炉出现故障时铁水不好处理。适合小型转炉车间。

5.3.1.4 化铁炉供应铁水

化铁炉供应铁水工艺流程为：

化铁炉→铁水罐→称量→转炉

化铁炉供应铁水是在转炉车间加料跨旁边建造 2~3 座化铁炉，熔化生铁向转炉供应铁水。化铁炉也可以使用一部分废钢做原料。这种方式供应的铁水温度便于控制，并可在化铁炉内脱除一部分硫。其缺点是额外消耗燃料、熔剂，增加熔损与需要管理人员较多，因而成本高，污染严重。它适用于没有高炉或高炉铁水不足的小型转炉车间。

5.3.2 废钢

废钢是冷却效果稳定的冷却剂，一般占装入量的 10%~30%。

废钢在车间内部（加料跨一端）或车间外部（废钢间）分类堆放，用磁盘吊车装入废钢斗，并进行称量。在车间外装斗时，需用运料车等将废钢斗运进到原料跨。

目前有两种加入方式，一种是用桥式吊车吊运废钢斗向转炉倒入。这种方法是用吊车的主钩加副钩吊起废钢料斗，像兑铁水那样靠主、副钩的联合动作把废钢加入转炉。另一种方式是用设置在炉前或炉后平台上的专用废钢料车加废钢。机上可安放两个废钢斗，它可以缩短装废钢的时间，减轻吊车的负担，避免装废钢与铁水吊车之间的干扰，并可使废钢料斗伸入炉口以内，减轻废钢对炉衬的冲击。但用专用废钢料车时，在平台上需铺设轨道，废钢料车往返行驶，易与平台上的其他作业发生干扰。

5.3.3 铁合金

为了脱除钢中氧和调整钢液成分,采用脱氧合金化处理。常用铁合金有锰铁、硅铁、铝,复合脱氧剂有硅锰、硅钙、硅锰铝、硅铝钡等。

5.3.4 非金属料

非金属料(散状材料)主要是指炼钢用造渣剂(石灰、白云石)、熔剂(萤石、氧化铁皮)、冷却剂(矿石、石灰石、废钢)、增碳剂(焦炭、生铁、沥青焦)等。转炉散状材料供应的特点是品种多、批量大、批数多,要求迅速、准确、连续及时而且工作可靠。

造渣剂:

(1) 石灰。石灰是碱性炼钢法的最基本造渣材料,有很强的脱 S 和脱 P 能力,且不损害炉衬。

(2) 白云石。采用轻烧白云石代替部分石灰造渣,促进前期化渣,减少萤石用量,减轻炉渣对炉衬的侵蚀。

熔剂:

(1) 萤石。能显著降低 CaO、$2CaO \cdot SiO_2$ 的熔点和炉渣黏度,加速石灰溶解,改善碱性渣的流动性。

(2) 氧化铁皮。它又称铁鳞,能与石灰形成铁酸钙而促进石灰溶解,利于脱 P。要求不含有水分、油污和泥沙等。

5.3.5 气体

随着顶底复吹转炉发展,除氧气在炼钢中广泛使用外,底吹气体使用了氩气、氮气、二氧化碳等。

5.4 氧气顶吹转炉炼钢

5.4.1 转炉构造

转炉构造主要包括炉壳、托圈、耳轴、倾动机构及炉衬,如

图 5-3 所示。

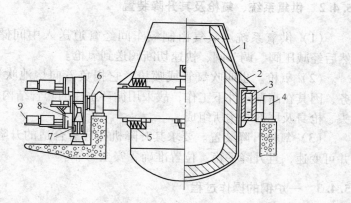

图 5-3 转炉炉体结构和倾动机构示意图
1—炉壳；2—挡渣板；3—托圈；4—轴承及轴承座；
5—支撑系统；6—耳轴；7—制动装置；
8—减速机；9—电机及制动器

（1）炉壳。炉壳由锥形炉帽、圆筒形炉身及球形炉底三部分组成。

（2）托圈。托圈与炉身相连，主要作用是支撑炉体，传递倾动力矩。大、中型转炉托圈一般用钢板焊成箱式结构，可通水冷却。托圈与耳轴连成整体。

（3）耳轴。转炉工艺要求炉体应能正反旋转 360°，在不同操作期间，炉子要处于不同的倾动角度。为此，转炉有两根旋转耳轴，一侧耳轴与倾动机构相连而带动炉子旋转。耳轴的位置要能保证在倾动机构失灵时，转炉能靠自身的重量自动回旋到垂直位置。

（4）倾动机构。其作用是倾动炉体，以满足兑铁水、加废钢、取样、出钢和倒渣等操作的要求。该机构应能使转炉炉体正反旋转 360°，并能在启动、旋转和制动时保持平稳，能准确地停在要求的位置上，安全可靠。

（5）炉衬。炉壳内砌筑的耐火材料即为炉衬，它由工作层、填充层和永久层组成。

5.4.2 供氧系统、氧枪及其升降装置

（1）供氧系统。氧气由制氧车间经管道送入中间储气罐，然后经减压阀、调节阀、快速切断阀送到氧枪。

（2）氧枪。也叫吹氧管或喷枪。它担负着向熔池吹氧的任务，因其在高温条件下工作，故采用循环水冷的套管结构，由喷头、枪身及尾部结构所组成。

（3）氧枪升降装置。要求其升降机构应有合适的升降速度，并可变速，且升降平稳、位置准确、安全可靠。

5.4.3 一炉钢的操作过程

要想找出在吹炼过程中金属成分和炉渣成分的变化规律，首先就必然熟悉一炉钢的工艺操作过程。氧气顶吹转炉炼钢的工艺操作过程可分以下几步进行：

（1）上炉钢出完并倒完炉渣后，迅速检查炉体，必要时进行补炉，然后堵好出钢口，及时加料。

（2）在兑入铁水和装入废钢后，把炉体摇正。在下降氧枪的同时，由炉口上方的辅助材料溜槽，向炉中加入第一批渣料（石灰、萤石、氧化铁皮、铁矿石），其量约为总量的 1/2 ~ 2/3。当氧枪降至规定的枪位时，吹炼过程正式开始。

当氧气流与溶池面接触时，碳、硅、锰开始氧化，称为点火。点火后约几分钟，炉渣形成覆盖于熔池面上，随着硅、锰、碳、磷的氧化，熔池温度升高，火焰亮度增加，炉渣起泡，并有小铁粒从炉口喷溅出来，此时应当适当降低氧枪高度。

（3）吹炼中期脱碳反应剧烈，渣中氧化铁降低，致使炉渣的熔点增高和黏度增大，并可能出现稠渣（即"返干"）现象。此时，应适当提高氧枪枪位，并可分批加入铁矿石和第二批造渣材料（其余的 1/3），以提高炉渣中的氧化铁含量及调整炉渣黏度。第三批造渣料为萤石，用以调整炉渣的流动性，但是否加第三批造渣材料，其加入量如何，要视各厂生产的情况而定。

（4）吹炼末期，由于熔池金属中含碳量大大降低，则使脱碳反应减弱，炉内火焰变得短而透明，最后根据火焰状况、供氧数量和吹炼时间等因素，按所炼钢种的成分和温度要求，确定吹炼终点，并且提高氧枪，停止供氧（称之为拉碳）、倒炉、测温、取样。根据分析结果，决定出钢或补吹时间。

（5）当钢水成分和温度均已合格，打开出钢口，即可倒炉出钢。在出钢过程中，向钢包内加入铁合金，进行脱氧和合金化（有时可在打出钢口前向炉内投入部分铁合金）。出钢完毕，将炉子摇正，降枪溅渣护炉，余渣倒入渣罐。

通常将相邻两炉之间的间隔时间（即从装料到倒渣完毕），称为冶炼周期或一炉钢的冶炼时间。一般为 20 ~ 40min。其中把吹入氧气的时间称为供氧时间或纯吹炼时间。它与炉子吨位大小和工艺要求有关。

5.5 电弧炉炼钢

5.5.1 电弧炉炼钢的特点

电弧炉炼钢是靠电极和炉料间放电产生的电弧，使电能在弧光中转变为热能，并借助辐射和电弧的直接作用加热并熔化金属和炉渣，冶炼出各种成分的钢和合金的一种炼钢方法。

电弧炉炼钢温度可以高达 2000℃ 以上，超过了其他炼钢炉用一般燃料燃烧加热时所能达到的最高温度。同时，熔化炉料时热量大部分是在被加热的炉料包围中产生的，而且无大量高温废气带走的热损失，所以热效率比转炉炼钢法要高。用电能加热还能精确地控制温度。因为炉内没有可燃烧气体，所以可以根据工艺要求在各种不同的气氛中进行加热，也可在任何压力或真空中进行加热。

由于电弧炉炼钢具有上述特点，能保证冶炼含磷、硫、氧低的优质钢，能使用各种元素（包括铝、钛等容易被氧化的元素）来使钢合金化，冶炼出各种类型的优质钢和合金钢，如滚珠轴承钢、不锈耐酸钢、高速工具钢、电工用钢、耐热钢以及磁性材料等。

电弧炉炼钢与转炉相比较的另一个优点是基建投资少，占地面积小。尤其是和转炉相比，它可以用废钢作为原料，不像转炉那样需要热铁水，所以不需要一套庞大的炼铁和炼焦系统。

另外，从长远观点看，电能的成本稳定，供应方便；电弧炉设备简单，操作方便；还比较易于控制污染。

由此可见，用电弧炉炼钢的优越性是相当大的，所以现在世界各国都在大力发展氧气顶吹转炉的同时，稳步地发展电弧炉炼钢技术。当前电弧炉的发展趋势是：发展大型电弧炉；发展超高功率供电技术；采用各种炉外精炼法；发展直接还原法炼钢；逐步扩大机械化自动化及用电子计算机进行过程控制等。

5.5.2 碱性电弧炉与酸性电弧炉

炼钢电弧炉根据炉衬的性质不同，可以分为碱性炉和酸性炉。碱性电弧炉的炉衬是用镁砂、白云石等碱性耐火材料修砌的；而酸性电弧炉炉衬是用硅砖、石英砂、白泥等酸性材料修砌的。

由于炉衬的性质不同，在炼钢过程中所采用的造渣材料也不一样。碱性炉要用石灰为主的碱性材料造碱性渣，而酸性炉则是用石英砂为主的材料造酸性渣。

碱性电弧炉由于使用碱性炉渣，能有效地去除钢中的有害元素磷、硫。而酸性渣无去除磷硫的能力，所以酸性炉炼钢要用含磷硫很低的原材料，在特殊钢生产中不能大量采用，一般以连铸坯为产品的电炉钢厂都是使用碱性电弧炉。但酸性炉渣阻止气体透过的能力大于碱性渣，使钢液升温快，因而异型铸造车间多数使用酸性电弧炉。两种电弧炉的比较如表 5-1 所示。

表 5-1 碱性电弧炉与酸性电弧炉的比较

比较项目			碱性电弧炉		酸性电弧炉
炉衬材料	炉底	碱性耐火材料	镁砂沥青或镁砂焦油打结	酸性耐火材料	石英砂白泥打结加硅砖
	炉墙		沥青镁砂砖及沥青白云石砖		石英砂白泥掺加水玻璃打结
	炉盖		高铝砖		硅砖
	出钢槽		高温水泥或沥青镁砖		黏土砖
造渣材料			石灰、萤石		石英砂、石灰
脱磷硫效果			很好		无
适用范围			电炉车间冶炼优质合金钢		铸钢车间

5.5.3 传统碱性电弧炉炼钢过程介绍

电弧炉炼钢一般是用废钢铁作为固体炉料，所以电弧炉炼钢过程首先是利用电能使其熔化及升温，然后在炉内进行精炼，去除钢中的有害元素、杂质及气体，调整化学成分到成品规格范围，以及使钢液在出钢时达到适合浇铸所需要的温度。

碱性电弧炉炼钢的工艺方法，一般可分为氧化法、不氧化法（又称装入法）及返回吹氧法。

氧化法冶炼操作由扒补炉、装料、熔化期、氧化期、还原期、出钢等 6 个阶段组成。其特点是在氧化期，用加矿石或吹氧进行脱磷和脱碳，使熔池沸腾，以降低钢中的气体和杂质，再经过脱氧还原和调整钢液的化学成分及温度，然后出钢。用这种方法冶炼，可以得到含磷量及气体、夹杂物含量都很低的钢，还可以利用廉价废钢为原料，因此一般钢种大多采用氧化法冶炼。其缺点是如果炉料中有合金返回料，则其中的某些合金元素会被氧化而损失于炉渣中。

不氧化法在冶炼过程中没有氧化期，能充分回收原料中的合金元素。因此，可在炉料中配入大量的合金钢切头、切尾、废锭、切屑等，减少铁合金的消耗，降低钢的成本。炉料熔化后，经过还原调整钢液成分和温度后即可出钢。冶炼时间较短，低合金钢、不锈钢、高速工具钢等均可以用此法冶炼。其缺点是不能去磷、去夹杂物和除气，因此对炉料要求高，须配入清洁无锈、含磷低的钢铁料，并在冶炼过程中要求采取各种措施防止吸气。同时钢液的化学成分基本上取决于配料的成分，这就要求炉料配料的化学成分和称量力求准确，致使这种冶炼方法用得比较少。

返回吹氧法是在炉料中配入大量的合金钢返回料。依据碳和氧的亲和力在一定的温度条件下比某些合金元素和氧的亲和力大的理论，当钢液升到一定的温度以后，向钢液进行吹氧，强化冶炼过程，达到在脱碳、去气、去夹杂物的同时，又回收大量合金元素的目的。这样，既降低成本，又提高质量。返回吹氧法常用于不锈钢、高速工具钢等高合金钢的冶炼。因为这些高合金钢如果用氧化法冶炼，由于合金元素的烧损，在还原期要加入大量铁合金，特别是要加入低碳的铁合金，这样不仅使成本提高，而且使还原期操作极为困难。

现在将生产中主要采用的氧化法冶炼的工艺流程做一个概括的介绍：

（1）补炉。补炉是指当上炉钢出完后，需要迅速将炉体损坏的部位进行修补，以保证下一炉钢的正常冶炼。新炉子在冶炼前几炉一般不需要补炉。

（2）装料。装料是指将固体炉料（按冶炼钢种要求配入的废钢铁料及少量石灰）装入炉膛内。目前多数电炉采用炉盖上升，炉体开出，或者炉盖升起旋开，用吊车吊起料罐将炉料一次加入炉膛内，称为顶装料。小于3t的电炉多数是用手工从炉门装料。

（3）熔化期。从通电开始到炉料全部熔化的阶段称为熔化期。其主要任务是迅速熔化全部炉料，并且要求去除部分的磷。为了加速炉料的熔化和节省用电量，在熔化期一般采用吹氧助熔。此外，如发现电极损坏或长度不够，应在熔化期接好电极，同时堵好出钢口，调换渣包，整理好冶炼操作时所需用的一切工具及做好各项准备工作。

（4）氧化期。当炉料全部熔化后取样分析进入氧化期。这阶段的任务为：

1）最大限度地降低钢液中的磷含量。

2）去除钢中气体（氮、氢）及夹杂物。

3）将钢液温度加热到稍高于出钢温度。

为完成上述任务，必须向炉内加入石灰、矿石，进行吹氧、流渣等项操作。当氧化期结束时，要将炉渣扒掉。

（5）还原期。停电扒除氧化渣后，用石灰、萤石造新渣，开始进入还原期。还原期的主要任务为：

1）去除钢中的硫含量。

2）脱氧。

3）调整钢液化学成分及温度。

还原期操作时要分批向炉渣面均匀加入碳粉、硅铁粉，设法使炉渣颜色变白并保持白渣，并向熔池中加入锰铁、硅铁以及冶炼钢种所需要的铁合金。为了最终脱氧，还要向钢液内插铝块。

（6）出钢。出钢是指将经过冶炼符合要求的钢液，从出钢口处倾入钢包，然后进行浇铸。出钢时要求炉渣覆盖在钢流面上，随钢流一齐倾入钢包。

所以氧化法冶炼一炉钢的操作顺序为：

上炉出钢→补炉→装料→熔化期→氧化期→还原期→出钢浇铸

电炉炼钢操作时，除了控制钢的化学成分外，要特别重视冶炼温度和炉渣成分的调整。

温度的高低主要是通过变压器输入功率大小来控制，电功率大小可以通过调节供电电压、电流的大小来进行调整。

炉渣成分可随意调整，例如多加些石灰就能增强炉渣的碱性及黏度，加些萤石能增加炉渣的流动性，甚至可以将原有渣子扒除掉（或扒除部分）重新造渣。总之，可根据冶炼需要对炉渣适当控制。

5.6 炉外精炼

随着现代科学技术和工业的发展，对钢质量（如钢的纯净度）的要求越来越高，用普通炼钢炉（转炉、电炉）冶炼出来的钢水已经难以满足其质量的要求；为了提高生产率，缩短冶炼时间，也希望能把炼钢的一部分任务移到炉外去完成；另外，连铸技术的发展，对钢水的成分、温度和气体的含量等也提出了更严格的要求。这几方面的因素迫使炼钢工作者寻求一种新的炼钢工艺，于是就产生了炉外精炼方法。

所谓炉外精炼，就是把常规炼钢炉（转炉、电炉）初炼的钢液倒入钢包或专用容器内进行脱氧、脱硫、脱碳、去气、去除非金属夹杂物和调整钢液成分及温度，以达到进一步冶炼目的的炼钢工艺，即将在常规炼钢炉中完成的精炼任务，如去除杂质（包括不需要的元素、气体和夹杂）和夹杂变性、成分和温度的调整和均匀化等任务，部分或全部地移到钢包或其他容器中进行，把一步炼钢法变为二步炼钢法，即初炼加精炼。国外也称之为二次精炼、二次炼钢和钢包冶金。

炉外精炼起初仅限于生产特殊钢和优质钢，后来扩大到普通钢的生产上，现在已基本上成为炼钢工艺中必不可少的环节，它是连接冶炼与连铸的桥梁。

5.6.1 炉外精炼采用的手段

各种炉外精炼技术的出现，都是为了解决厂家所要求解决的具体问题，同时又密切结合着该厂的厂房、设备、工艺等具体条件。虽然各种炉外精炼方法各不相同，但是无论哪种方法都力争创造完成某种精炼任务的最佳热力学和动力学条件，使得现有的各种精炼方法在采用的精炼手段方面有共同之处。到目前为止所采用的主要精炼手段有：渣洗、真空（或气体稀释）、搅拌、喷吹和加热（调温）等五种。当今名目繁多的炉外精炼方法都是这五种精炼手段的不同组合，综合一种或几种手段构成为一种方法,如图5-4所示。

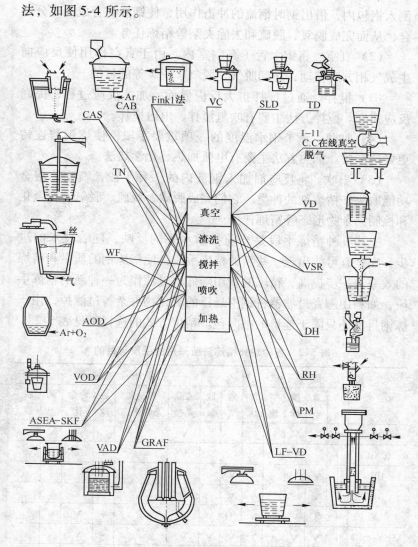

图 5-4 各种炉外精炼法示意图

（1）渣洗。获得洁净钢并能适当进行脱氧、脱硫的最简便的精炼手段。将事先配好（可在专门炼渣炉中熔炼）的合成渣倒入钢包内，借出钢时钢流的冲击作用，使钢液与合成渣充分混合，从而完成脱氧、脱硫和去除夹杂等精炼任务。

（2）真空。将钢水置于真空室内，由于真空作用使反应向生成气相方向移动，达到脱气、脱氧、脱碳等的目的。

（3）搅拌。通过搅拌扩大反应界面，加速反应过程，提高反应速度。搅拌方法主要有吹氩搅拌、电磁搅拌。

（4）加热。调节钢水温度的一项重要手段，使炼钢与连铸更好地衔接。加热方法主要有电弧加热、化学热法。

（5）喷吹。将反应剂加入钢液内的一种手段，喷吹的冶金功能取决于精炼剂的种类。它们完成脱碳、脱硫、脱氧、合金化和控制夹杂物形态等精炼任务。

上述五种精炼手段是当前技术水平的反映，随着技术的进步，完全有可能出现一些新的精炼手段，使精炼钢的质量和精炼的效率进一步提高，精炼的费用降低。过滤作为一种新的精炼手段，如利用陶瓷过滤器将钢中悬浮的氧化物夹杂等过滤掉，用于炼钢目前还只限于连铸的中间包。精炼方式的选择可见表5-2。

表5-2 各种炉外精炼法所采用的手段与目的

名 称	精炼手段					主要冶金功能							
	造渣	真空	搅拌	喷吹	加热	脱气	脱氧	去除夹杂	控制夹杂物形态	脱硫	合金化	调温	脱碳
钢包吹氩			√					√				√	
CAB	+		√			√	√			+	√		
DH		√				√							
RH		√											
LF	+	①	√		√	①				+	√	√	
ASEA-SKF	+	√	√		√	√				+	√	√	+
VAD	+	√	√		√	√				+	√	√	+
CAS-OB													
VOD		√	√	√	√	√							√

续表 5-2

名 称	精炼手段					主要冶金功能							
	造渣	真空	搅拌	喷吹	加热	脱气	脱氧	去除夹杂	控制夹杂物形态	脱硫	合金化	调温	脱碳
RH – OB		√	√										√
AOD			√			√							√
TN			√				√			√			
SL			√				√		√	√			
喂线							√		√	√			
合成渣洗	√		√				√		√	√			

注:"+"表示在添加其他设施后可以取得更好的冶金功能;

①LF 增设真空装置后被称为 LF – VD,具有与 ASEA – SKF 相同的精炼功能。

5.6.2 炉外精炼的方法

从图 5-4 可以看出,精炼设备通常分为两类:一是基本精炼设备,在常压下进行冶金反应,可适用于绝大多数钢种,如 LF、CAS – OB、AOD 等;另一类是特种精炼设备,在真空下完成冶金反应,如 RH、VD、VOD 等只适用于某些特殊要求的钢种。目前广泛使用并得到公认的炉外精炼方法是 LF 法与 RH 法,一般可以将 LF 与 RH 双联使用,可以加热、真空处理,适于生产纯净钢与超纯净钢,也适于与连铸机配套。为了便于认识至今已出现的 40 多种炉外精炼方法,表 5-3 给出了主要炉外精炼方法的大致分类情况。

表 5-3 主要炉外精炼方法的分类、名称、开发与适用情况

分 类	名 称	开发年份	国家	适 用
合成渣精炼	液态合成渣洗(异炉)	1933	法国	脱硫,脱氧,去除夹杂物
	固态合成渣洗	—	—	

分　类	名　称	开发年份	国家	适　用
钢包吹氩精炼	GAZAL（钢包吹氩法）	1950	加拿大	去气，去夹杂，均匀成分与温度。CAB、CAS还可脱氧与微调成分，如加合成渣，可脱硫，但吹氩强度小，脱气效果不明显 CAB 适合 30~50t 容量的转炉钢厂。CAS 法适用于低合金钢种精炼
	CAB（带盖钢包吹氩法）	1965	日本	
	CAS 法（封闭式吹氩成分微调法）	1975	日本	
真空脱气	VC（真空浇注）	1952	德国	脱氢，脱氧，脱氮 RH 精炼速度快，精炼效果好，适于各钢种的精炼，尤其适于大容量钢液的脱气处理。现在VD 法已将过去脱气的钢包底部加上透气砖，使这种方法得到了广泛的应用
	TD（出钢真空脱气法）	1962	德国	
	SLD（倒包脱气法）	1952	德国	
	DH（真空提升脱气法）	1956	德国	
	RH（真空循环脱气法）	1958	德国	
	VD 法（真空罐内钢包脱气法）	1952	德国	
带有加热装置的钢包精炼	ASEA-SKF（真空电磁搅拌，电弧加热法）	1965	瑞典	多种精炼功能。尤其适于生产工具钢、轴承钢、高强度钢和不锈钢等各类特殊钢。LF 是目前在各类钢厂应用最广泛的具有加热功能的精炼设备
	VAD（真空电弧加热法）	1967	美国	
	LF（埋弧加热吹氩法）	1971	日本	
不锈钢精炼	VOD（真空吹氧脱碳法）	1965	德国	能脱碳保铬，适于超低碳不锈钢及低碳钢液的精炼
	AOD（氩、氧混吹脱碳法）	1968	美国	
	CLU（汽、氧混吹脱碳法）	1973	法国	
	RH-OB（循环脱气吹氧法）	1969	日本	

分　类	名　　称	开发年份	国家	适　用
喷粉及特殊 添加精炼	IRSID（钢包喷粉）	1963	法国	脱硫，脱氧，去除夹杂物，控制夹杂形态，控制成分。应用广泛，尤其适于以转炉为主的大型钢铁企业
	TN（蒂森法）	1974	德国	
	SL（氏兰法）	1976	瑞典	
	ABS（弹射法）	1973	日本	
	WF（喂线法）	1976	日本	

5.7　连续铸钢

5.7.1　连铸设备及工艺

连续铸钢是把钢水直接连续地浇铸成铸坯的一种工艺。钢包中的高温钢水连续不断地经过中间包浇注在水冷结晶器内，凝固成具有一定厚度坯壳的铸坯，铸坯连续地从结晶器中被拉出，形成钢水连铸和铸坯连拉的过程。由于省去了初轧机开坯的工序，因而生产成本降低，提高了钢水的成材率，改善了铸坯的质量。

连续铸钢的生产工艺流程可用图 5-5 所示的弧形连铸机来说明。

由炼钢炉炼出的合格钢水，经钢包运送到连铸机上，通过中间包注入强制水冷的结晶器内。结晶器是一特殊的无底水冷铸锭模，在浇注之前先装上引锭杆作为结晶器的活底。注入结晶器的钢水表层急速冷却凝结成型，且铸坯的前部与引锭头凝结在一起。引锭头由引锭杆通过拉坯矫直机的拉辊牵引，以一定速度把形成坯壳的铸坯拉出结晶器外。为防止初凝的薄坯壳与结晶器壁黏结撕裂而漏钢，在浇注过程中，既要对结晶器内壁进行润滑，又要通过结晶器振动机构使其上下往复振动。铸坯出结晶器进入二次冷却区，内部还是液体状态，应进一步喷水冷却，直到完全凝固。二冷区的夹送辊除引导铸坯外，还可以防止铸坯在内部钢水静压力作用下产生"鼓肚"变形。铸坯出二冷区后经拉坯矫直机将弧形铸坯矫成直坯，同时使引锭头与铸坯分离。完全凝固的直坯由切割设备切成定尺，经运输辊道进入后步工序。

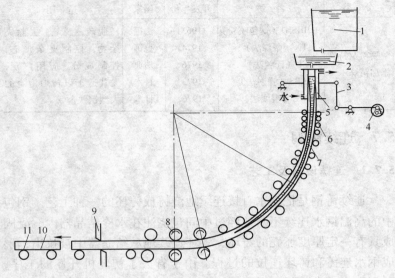

图 5-5　连铸机工艺流程图

1—钢包；2—中间包；3—振动机构；4—偏心轮；5—结晶器；

6—二次冷却夹送辊；7—铸坯中未凝固钢水；8—拉坯矫直机；

9—切割机；10—铸坯；11—辊道

连续铸钢生产所用的设备，通常可以分为主体设备和辅助设备两个部分。主体设备主要有：浇注设备——钢包旋转台、中间包及其运载小车；结晶器及其振动装置；二次冷却装置；拉坯矫直设备——拉矫机、引锭杆、脱锭及引锭杆存放装置；切割设备——火焰切割机与机械剪切机（摆式剪切机、步进式剪切机）等。辅助设备主要包括有：出坯及精整设备——辊道、拉（推）钢机、翻钢机、火焰清理机等；工艺性设备——中间包烘烤装置、吹氩装置、脱气装置、保护渣供给与结晶器润滑装置、电磁搅拌装置等；自动控制和测量仪表——结晶器液面测量与显示系统、过程控制计算机、测温、测重、测压、测长、测速等仪表系统。

5.7.2 保护浇注

钢水经过炉外精炼后得到了温度和成分合格的洁净钢水，但是从钢包→中间包→结晶器的传递过程中，钢水与空气、炉衬与炉渣之间发生了物理和化学作用，特别是高温钢水暴露在空气中，与空气中的氧作用产生二次氧化，严重地污染洁净的钢水。因此连铸生产中，必须采用保护浇注技术，防止钢水的二次氧化。

5.7.2.1 钢包至中间包的保护浇注

（1）中间包添加覆盖剂，用于减少钢液的散热损失；隔离空气，减少钢液的二次氧化；吸收由钢液中上浮的夹杂物。

（2）保护浇注。保护浇注可采用罩式法或保护套管（即长水口）法。罩式法即在钢流及中间包之间用一个充满氩气的箱体或罩子将铸流密封好，使钢流一直处于保护气氛之中。这种方式安装较复杂，浇钢中出现异常情况不易处理，目前采用的不多。保护套管法是将钢包的钢流经一个较长的耐材保护管流入中间包内，在长水口保护管与钢包下水口连接处，通入氩气进行保护，使之保持正压，防止空气进入。由于这种方法简便、投资省、效果好，已被广泛采用。

5.7.2.2 中间包至结晶器的保护浇注

中间包至结晶器的保护浇注通常采用浸入式水口加保护渣浇注。

A 结晶器保护渣的作用

结晶器保护渣的作用如下：

（1）绝热保温，防止钢液面结壳。

（2）隔绝空气防止二次氧化。

（3）吸收钢水中的夹杂物。

（4）渣膜的润滑作用。

（5）改善结晶器传热。

B 保护渣在结晶器中的行为

当保护渣加入结晶器后，靠近钢液面的保护渣吸收高温钢水提供的热量，迅速在钢水面上形成液渣层，液渣层之上是烧结层（也称过渡层），最上面则是松散的粉状层，即形成三层结构。

连铸保护渣要达到良好的使用效果，各渣层必须有符合实际需要的厚度。液渣层厚度不足，沿结晶器壁会形成渣圈，把弯月面向下的通道堵死，会使板坯表面产生纵向裂纹。液渣层过厚，其稳定性下降，同时也影响到粉状层和烧结层的厚度，同样会引起板坯表面纵裂。合适的厚度必须通过试验确定。同样粉渣层和烧结层也应有合适的厚度。通常只要结晶器钢水液面能够精确控制，添加保护渣做到勤加少加，则粉渣层和烧结层的厚度就可保持稳定。

在连铸过程中，随着结晶器的振动，保护渣从弯月面流入结晶器和坯壳的气隙中，在靠近坯壳一侧形成熔融状态的渣膜，加强钢水和结晶器壁之间的传热。其渣膜的厚度通常在 0.1 ~ 1.5mm 之间。随着拉坯的连续进行，保护渣被连续地带出结晶器，相应地应持续、分批地向结晶器中添加新保护渣。一般保护渣的消耗为 0.5 ~ 0.7kg/t 钢。

复习思考题

5-1 什么是钢，炼钢的基本任务有哪些？

5-2 现代炼钢方法主要有哪些？

5-3 转炉炼钢使用哪些原材料？

5-4 转炉炼钢使用氧气是干什么的？

5-5 简述转炉炼钢的工艺过程。

5-6 简述传统碱性电弧炉炼钢工艺过程。

5-7 什么是炉外精炼，你所参观的炉外精炼采用什么方法，所起的作用是什么？

5-8 简述连续铸钢生产的工艺流程。

5-9 连续铸钢过程中结晶器保护渣起什么作用？

6 轧钢坯料加热

坯料加热是轧钢生产的重要环节。在轧钢生产线上，能耗最大的工序是坯料加热。钢坯的加热质量直接影响到成品的产量、质量、能源消耗和轧机寿命。不同的钢种应采用不同的加热工艺，正确的加热工艺可以保证轧钢生产顺利进行，如果加热工艺不合理，则会直接影响轧钢生产。因此，了解钢加热工艺的有关知识，对指导操作是极其重要的。

6.1 钢的加热工艺

6.1.1 钢加热的目的和要求

钢坯在轧前进行加热，是钢在热加工过程中一个必需的环节。对轧钢加热炉而言，加热的目的就是提高钢的塑性，降低变形抗力。

钢在常温状态下的可塑性很小，因此它在冷状态下轧制十分困难，通过加热，提高钢的温度，可以明显提高钢的塑性，使钢变软，改善钢的轧制条件。一般说来，钢的温度愈高，其可塑性就愈大，所需轧制力就愈小。例如，高碳钢在常温下的变形抗力约为 600MPa，这样在轧制时就需要很大的轧制力，消耗大量能源，而且制造困难，投资大，磨损快。如果将它加热至 1200℃时，变形抗力将会降至 30MPa，是常温下变形抗力的 1/20。

钢的加热应满足下列要求：

（1）加热温度应严格控制在规定的温度范围，防止产生加热缺陷。

钢的加热应当保证在轧制全过程都具有足够的可塑性，满足生产要求，但并非说钢的加热温度愈高愈好，而应有一定的限度，过高的加热温度可能会产生废品和浪费能源。

（2）加热制度必须满足不同钢种、不同断面、不同形状的钢坯在具体条件下合理加热。

（3）钢坯的加热温度应在长度、宽度和整个断面上均匀一致。

6.1.2　加热炉常用燃料

加热炉常用的燃料是气体燃料。气体燃料的种类很多，目前，加热炉常用的气体燃料有高炉煤气、焦炉煤气、高炉和焦炉混合煤气、转炉煤气等。

6.1.2.1　高炉煤气

高炉煤气是高炉炼铁的副产品，其中 CO 占 30% 左右，H_2 和 CH_4 的数量很少。N_2 和 CO_2 约占 60% ~70%，高炉煤气发热量比较低，通常只有 3350 ~ 4200kJ/m^3。燃烧温度也较低，约 1470℃，在加热炉上单独使用困难，往往是与焦炉煤气混合使用，或在燃烧前将煤气与空气预热。应当注意在使用 CO 成分较多的煤气时需特别注意防止煤气中毒事故发生。

6.1.2.2　焦炉煤气

焦炉煤气是炼焦生产的副产品。H_2 含量一般超过 50%，CH_4 含量一般超过 25%，其余是少量的 CO、N_2、CO_2、H_2S 等。焦炉煤气的发热量较高，为 16000 ~ 18800kJ/m^3。焦炉煤气的理论燃烧温度约为 2090℃。焦炉煤气由于 H_2 含量高，所以火焰黑度小，较难预热。同时密度只有 0.4 ~ 0.5kg/m^3，比其他煤气轻，火焰的刚性差，容易往上飘。

6.1.2.3　混合煤气

在现代的钢铁联合企业里，可以同时得到大量高炉煤气和焦炉煤气，高炉煤气和焦炉煤气的产量比值大约为 10∶1，针对高炉煤气产量大、发热量低和焦炉煤气产量低、发热量较高的特点，为了发挥其各自的优点，充分利用这些副产燃气资源，可以利用不同比例的高炉煤气和焦炉煤气配成各种发热量的混合煤气。采用高炉、焦炉混合煤气不仅合理利用了燃料，而且改善了火焰的性能，既克服了焦炉煤气火焰上飘的缺点，同时也可以利用焦炉煤气中碳氢化合物分解产生的碳粒，在燃烧时可以增强火焰的辐射能力。

6.1.2.4 转炉煤气

转炉煤气含 CO 高达 50% ~ 70%。转炉煤气发热量为 6280 ~ 10467kJ/m^3，为高炉煤气的两三倍，理论燃烧温度1650 ~ 1850℃。

6.1.3 钢的加热制度

所谓加热制度是指在保证实现加热条件的要求下所采取的加热方法。具体地说，加热制度包括温度制度和供热制度两个方面。

对连续式加热炉来说，温度制度是指炉内各段的温度分布。所谓供热制度，对连续加热炉是指炉内各段的供热分配。

从加热工艺的角度来看，温度制度是基本的，供热制度是保证实现温度制度的条件，一般加热炉操作规程上规定的都是温度制度。

具体的温度制度不仅决定于钢种、钢坯的形状尺寸、装炉条件，而且依炉型而异。加热炉的温度制度大体分为：一段式加热制度、两段式加热制度、三段式及多段式加热制度。这里重点介绍三段式加热制度。

三段式加热制度是把钢坯放在 3 个温度条件不同的区域（或时期）内加热，依次是预热段、加热段、均热段（或称应力期、快速加热期、均热期）。

这种加热制度是比较完善的加热制度,钢料首先在低温区域进行预热,这时加热速度比较慢,温度应力小,不会造成危险。当钢温度超过 500 ~ 600℃ 以后,进入塑性范围,这时就可以快速加热,直到表面温度迅速升高到出炉所要求的温度。加热期结束时,钢坯断面上还有较大的温度差,需要进入均热期进行均热,此时钢的表面温度不再升高,而使中心温度逐渐上升,缩小断面上的温度差。

三段式加热制度既考虑了加热初期温度应力的危险,又考虑了中期快速加热和最后温度的均匀性,兼顾了产量和质量两方面。在连续式加热炉上采用这种加热制度时,由于有预热段,出炉废气温度较低,热能的利用较好,单位燃料消耗低。加热段可以强化供热,快速加热减少了氧化和脱碳,并保证炉子有较高的生产率,所以对许多钢坯的加热来说,这种加热制度是比较完善与合理的。

这种加热制度适用于大断面坯料、高合金钢、高碳钢和中碳钢冷坯加热。

6.2 连续式加热炉的基本组成

加热炉是一个复杂的热工设备,它由以下几个基本部分构成:炉膛与炉衬、燃料系统、供风系统、排烟系统、冷却系统、余热利用装置、装出料设备、检测及调节装置、电子计算机控制系统等。

6.2.1 炉膛与炉衬

炉膛是由炉墙、炉顶和炉底围成的空间,是对钢坯进行加热的地方。炉墙、炉顶和炉底通称为炉衬,炉衬是加热炉的一个关键技术条件。在加热炉的运行过程中,不仅要求炉衬能够在高温和荷载条件下保持足够的强度和稳定性,要求炉衬能够耐受炉气的冲刷和炉渣的侵蚀,而且要求有足够的绝热保温和气密性能。为此,炉衬通常由耐火层、保温层、防护层和钢结构几部分组成。其中耐火层直接承受炉膛内的高温气流冲刷和炉渣侵蚀，通常采用各种耐火材料经砌筑、捣打或浇注而成；保温层通常采用各种多孔的保温材料经砌筑、敷设、充填或粘贴形成，其功能在于最大限度地减少炉衬的散热损失，改善现场操作条件；防护层通常采用建筑砖或钢板，其功能在于保持炉衬的气密性，保护多孔保温材料形成的保温层免于损坏。钢结构是位于炉衬最外层的由各种钢材拼焊、装配成的承载框架，其功能在于承担炉衬、燃烧设施、检测仪器、炉门、炉前管道以及检修、操作人员所形成的载荷，提供有关设施的安装框架。

6.2.2 加热炉的冷却系统

加热炉的冷却系统是由加热炉炉底的冷却水管和其他冷却构件构成。这里主要介绍加热炉底的冷却水管。

在两面加热的连续加热炉内，坯料在沿炉长敷设的炉底水管上向前滑动。炉底水管由厚壁无缝钢管组成，内径 50 ~ 80mm，壁厚 10 ~ 20mm。为了避免坯料在水冷管上直接滑动时将钢管壁磨损，在与坯料直接接触的纵水管上焊有圆钢或方钢，称为滑轨，磨损以后可以更换，而不必更换水管。

炉底水管承受坯料的全部重量（静负荷），并经受坯料推移时所产生的动载荷。因此，纵水管下需要有支撑结构。炉底水管的支撑结构形式很多，一般在高温段用横水管支撑，如图 6-1 （a）所示，横水管两端穿过炉墙靠钢架支持，这种结构只适用于跨度不大的炉子。当炉子很宽，上面坯料的负载很大时，需要采用双横水管或回线形横支撑管结构，如图 6-1 （b）所示。管的垂直部分用耐火砖柱包围起来，这样下加热炉膛空间被占去不少。

在选择炉底水管支撑结构时，除了保证其强度和寿命外，应力求简单。这样一方面为了减少水管，可以减少热损失，另一方面免得下加热空间被占去太多，这一点对下部的热交换和炉子生产率的影响很大。所以现代加热炉设计中，力求加大水冷管间距，减少横水管和支柱水管的根数。

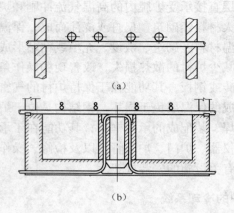

图 6-1 炉底水管的支撑结构

炉底水冷滑管和支撑管加在一起的水冷表面积达到炉底面积的 40% ~ 50%，带走大量热量。又由于水管的冷却作用，使坯料与水管滑轨接触处的局部温度降低 200 ~ 250℃，使坯料下面出现两条水冷"黑印"，在压力加工时很容易造成废品。例如，轧钢加热炉加热板坯时出现的"黑印"影响会更大，温度的不均匀可能导致钢板的厚薄不均匀。为了清除"黑印"的不良影响，通常在炉子的均热段砌筑实炉底，使坯料得到均热。但降低热损失和减少"黑印"影响的有效措施，就是对炉底水管实行绝热包扎，如图 6-2 所示。

连续加热炉节能的一个重要方面就是减少炉底水管冷却水带走的热量，为此应在所有水管外面加绝热层。

普遍采用可塑料包扎炉底水管。包扎时，在管壁上焊上锚固钉，能将可塑料牢固地抓附在水管上。它的抗热震性好，耐高温气体冲刷、耐振动、抗剥落性能好，能抵抗氧化铁皮的侵蚀，即使结渣也易于清除，使用寿命至少可达一年。这样包扎的炉底水管，可以降低燃料消耗 15% ~ 20%，降低水耗约 50%，炉子产量提高 15% ~ 20%，减少了坯料"黑印"的影响，提高了加热质量。并且投资费用不大，但增产收益很高，经济效益显著。

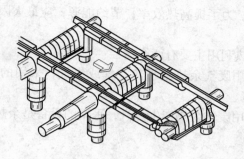

图 6-2　炉底水管绝热包扎的结构图

水冷管最好的包扎方式是复合（双层）绝热包扎，采用一层 10~12mm 的陶瓷纤维，外面再加 40~50mm 厚的耐火可塑料（10mm 厚的陶瓷纤维相当于 50~60mm 厚可塑料的绝热效果）。这样的双层包扎绝热比单层绝热可减少热损失 20%~30%。

6.2.3　燃烧装置

煤气的燃烧方法分为有焰燃烧和无焰燃烧两种，因此烧嘴也有有焰烧嘴和无焰烧嘴之分。

有焰烧嘴的结构特征在于：燃料和空气在入炉以前是不混合的（高速烧嘴例外）。有焰烧嘴种类很多，结构形式各不相同，它主要根据煤气的种类、火焰长度、燃烧强度来决定。加热炉常用的有焰烧嘴有套管式烧嘴、低压涡流式烧嘴、扁缝涡流式烧嘴、环缝涡流式烧嘴、平焰烧嘴、火焰长度可调烧嘴、高速烧嘴等。

无焰燃烧器是气体燃料与空气先混合然后再燃烧的燃烧装置。这类燃烧器由于预先混合，故燃烧火焰短，但要有压力较高的煤气（大于 10kPa），且助燃空气不能预热到高温。工业上常用喷射式无焰燃烧器，由于其结构简单，不用鼓风机，所以在加热炉上亦常被使用。

6.2.4　余热利用设备

由加热炉排出的废气温度很高，带走了大量余热，使炉子的热效率降低，为了提高热效率，节约能源，应最大限度地利用废气余热。

目前余热利用主要有两个途径：

（1）利用废气余热来预热空气或煤气，采用的设备是换热器或蓄热室。

（2）利用废气余热产生蒸汽，采用的设备是余热锅炉。

6.2.4.1　换热器

换热器的传热方式是传导、对流、辐射的综合。在废气一侧，废气以对流和辐射两种方式把热传给器壁；在空气一侧，空气流过壁面时，以对流方式把热带走。由于空气对辐射热是透热体，不能吸收，所以在空气一侧要强化热交换，只有提高空气流速。

6.2.4.2　蓄热室

蓄热室的主要部分是用异型耐火砖砌成的砖格子，根据需要砖格子有各种砌法，炉内排出的废气先自上而下通过砖格子把砖加热（蓄热），经过一段时间后，利用换向设备关闭废气通路，使冷空气（或煤气）由相反的方向自下而上通过砖格子，砖把积蓄的热传给冷空气（或煤气）而达到预热的目的。一个炉子至少应有一对蓄热室同时工作，一个在加热（通废气），另一个在冷却（通空气），如果空气、煤气都进行预热，则需要两对蓄热室。经过一定时间后，热的砖格子逐渐变冷，而冷的已积蓄了新的热量，便通过换向设备改变废气与空气的走向，蓄热室交替地工作。这样一个循环称为一个周期。

近几年来，国际最新燃烧技术——蓄热式燃烧技术就是应用了蓄热室的工作原理，不过蓄热体不是耐火砖砌成的砖格子，而是陶瓷小球或蜂窝状陶瓷蓄热体。

6.3　连续加热炉炉型

连续加热炉是热轧车间应用最普遍的炉子。燃烧产生的炉气

一般是对着被加热的钢坯向炉尾流动,即逆流式流动。钢坯由炉尾装入,加热后由另一端出炉。连续加热炉可按下列特征进行分类:

(1) 按温度制度可分为两段式、三段式和强化加热式。

(2) 按空气和煤气的预热方式可分为换热式的、蓄热式的、不预热的。

(3) 按出料方式可分为端出料的和侧出料的。

(4) 按钢料在炉内运动的方式可分为推钢式连续加热炉、步进式炉等。

6.3.1 推钢式连续加热炉

如图6-3所示,为一座推钢式三段连续加热炉。

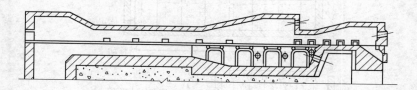

图6-3 推钢式三段连续加热炉

6.3.1.1 炉型

所谓炉型主要是指炉膛空间形状、尺寸以及燃烧器的布置及排烟口的布置等。炉顶轮廓曲线的变化是很大的,它大致与炉温曲线相一致,即炉温高的区域炉顶也高,炉温低的区域炉顶也相应压低。在加热段与预热段之间,有一个比较明显的过渡,均热段与加热段之间将炉顶压下。这是为了避免加热段高温区域有许多热量向预热段、均热段区域辐射,加热段是主要燃烧区间,空间较大,有利于辐射换热,预热段是余热利用的区域,压低炉顶缩小炉膛空间,有利于强化对流给热。

6.3.1.2 装出料方式

连续加热炉装料与出料方式有：端进端出、端进侧出和侧进侧出几种。

6.3.2 步进式加热炉

6.3.2.1 步进式加热炉钢料的运动

步进式加热炉与推钢式加热炉相比，其基本的特征是坯料在炉底上的移动靠炉底可动的步进梁作矩形轨迹的往复运动，把放置在固定梁上的钢坯一步一步地由进料端送到出料端。图6-4是步进式炉内坯料运动轨迹的示意图。

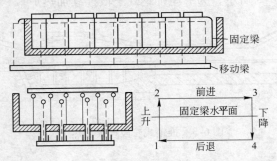

图 6-4 步进式炉内坯料的运动轨迹

炉底由固定梁和移动梁（步进梁）两部分所组成。最初坯料放置在固定梁上，这时移动梁位于坯料下面的最低点1。开始动作时，移动梁由1点垂直上升到2点的位置，在到达固定梁平面时把坯料托起，接着移动梁载着钢坯沿水平方向移动一段距离从2点到3点；然后移动梁再垂直下降到4点的位置，当经过固定梁水平面时又把坯料放到固定梁上。这时坯料实际已经前进到一个新的位置，相当于在固定梁上移动了从2点到3点这样一段距离；最后移动梁再由4点退回到1点的位置。这样移动梁经过上升—前进—下降—后退4个动作，完成了一个周期，坯料便前进（也可以后退）一步。然后又开始第二个周期，不断循环使坯料一步步前进。

移动梁的运动是可逆的，当轧机故障或停炉检修，或因其他情况需要将坯料退出炉子时，移动梁可以逆向工作，把坯料由装料端退出炉外。移动梁还可以只作升降运动而没有前进或后退的动作，即在原地踏步，以此来延长坯料的加热时间。

6.3.2.2 步进机构

步进机构包括移动梁提升和平移运动机构以及驱动机构两部分。其中提升运动机构是最重要的。它的任务是使很笨重的炉底负荷（包括梁重、炉底耐火材料以及布满钢坯的重量）能平稳地提升至规定的高度，为了减小提升所需的力量，就需要采用一些省力机构。这就出现了多种结构形式，如图6-5所示。图6-5（a）属油缸直接顶起式；图6-5（b）杠杆式；图6-5（c）斜块滑轮式；图6-5（d）偏心轮式。图6-5（a）结构简单，但只用于小炉子，要保证两个油缸同步比较困难，因此目前用的很少；图6-5（b）、图6-5（c）、图6-5（d）三种结构形式是目前比较常见的机构。而又以图6-5（c）那种斜块滑轮式在我国用的更为普遍。

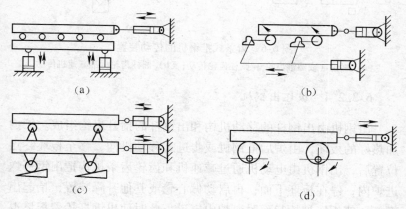

(a) (b) (c) (d)

图6-5 步进机构形式

6.3.2.3 加热炉推钢机

推钢机有齿条式、螺旋式、曲柄连杆式和液压式等类型。

图 6-6 为齿条式推钢机。它由推杆、机座、传动装置和行程控制器等组成。齿条式推钢机的传动布置通常有两种形式。它们由两个电动机分别驱动两个推杆，推杆既可以单独工作，也可以两个推杆同时工作。两推杆之间没有机械连接，采用电气联锁的方法，来保证两推杆的同步，操作方便。图 6-6（a）系采用蜗轮－圆柱齿轮减速机或圆锥齿轮－圆柱齿轮减速机的推钢机，图 6-6（b）系采用圆柱齿轮标准减速机的推钢机。推钢机的传动装置较多采用圆柱齿轮标准减速机，其优点是传动效率高，易加工制造；缺点是传动装置布置不够紧凑。

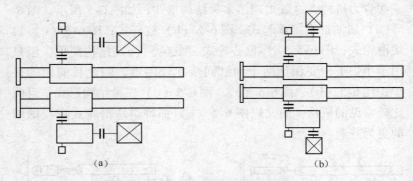

图 6-6 齿条式推钢机的传动装置
（a）蜗轮（或圆锥齿轮）-圆柱齿轮传动；（b）圆柱齿轮标准减速机传动

6.3.2.4 板坯出钢机

出钢机由出钢杆的移动机构和出钢杆的抬升机构组成。炉内加热好的板坯，由炉后推钢机或步进式移动机构，移至板坯终点位置后，出钢机由电动机通过减速机和齿轮齿条机构把出钢杆送进炉内，停在板坯下面；再启动偏心轮或其他升降装置，抬起出钢杆，使板坯被抬起而脱离炉内辊道，此时使出钢杆抬着板坯退出加热炉，移至辊道上面，然后，再使出钢杆下降到低于辊道面，将板坯放于辊道上。

6.3.2.5 摩擦式出钢机

图6-7为摩擦式出钢机简图。其推杆由两个送料辊移动。受推杆和送料辊间的摩擦力限制，因而出钢机可以保证不过载。一般通过弹簧用压下螺丝将送料辊压紧夹住推杆。推杆在导槽内移动，杆内通水冷却。送料辊由一电动机通过减速机传动，可以单独驱动下送料辊，也可以同时驱动上下送料辊。前者推力较小，用于小型型钢车间，后者适用于大推力的结构。

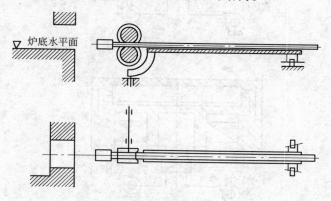

图6-7 摩擦式出钢机简图

摩擦式出钢机还有小车横移机构，出钢机构装在可以移动的小车上。炉尾的推钢机可以成批地将坯料推到出钢口，出钢机则可以通过横移机构对准每一根在出钢口范围内的钢坯，不断地出钢。因此，炉尾上料与炉前出钢可以互不干扰。

6.3.3 高效蓄热式加热炉

高效蓄热式加热炉工作原理如图6-8所示，由高效蓄热式热回收系统、换向式燃烧系统和控制系统组成，其热效率可达75%，这种换向式燃烧方式改善了炉内的温度均匀性。由于能很方便地把煤气和助燃空气预热到 1000℃ 左右，可以在高温加热炉使用高炉煤气作为燃料，从根本上解决了因高炉煤气大量放散而产生能源浪费及环境污染的问题。

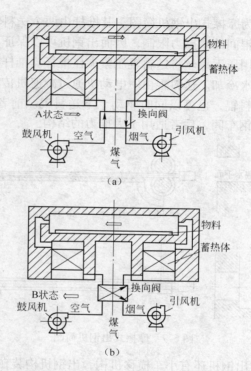

图 6-8 高效蓄热式加热炉工作原理（图中未示出煤气流路）

高效蓄热式连续加热炉的工作过程说明如下：

（1）在 A 状态，如图 6-8（a）所示。空气、煤气分别通过换向阀，经过蓄热体换热，将空气、煤气分别预热到 1000℃ 左右，进入喷口喷出，边混合边燃烧，燃烧产物经过炉膛，加热坯料，进入对面的排烟口（喷口），由高温废气将另一组蓄热体预热，废气温度随之降至 150℃ 以下，低温废气通过换向阀，经引风机排出。几分钟以后控制系统发出指令，换向机构动作，空气、煤气同时换向到 B 状态。

（2）在 B 状态，如图 6-8（b）所示。换向后，煤气和空气从右侧通道喷口喷出并混合燃烧，这时左侧喷口作为烟道，在引风机的作用下，使高温烟气通过蓄热体排出，一个换向周期完成。

蓄热式连续加热炉，就这样通过 A、B 状态的不断交替，实现对坯料的加热。

蓄热式燃烧技术的主要特点是：

（1）采用蓄热式烟气余热回收装置，交替切换空气与烟气，使之流经蓄热体，能够最大限度地回收高温烟气的物理热，从而达到大幅度节约能源（一般节能 10% ~70%）、提高热工设备的热效率，同时减少了对大气的温室气体排放（CO_2 减少10% ~70%）。

（2）通过组织贫氧燃烧，扩展了火焰燃烧区域，火焰边界几乎扩展到炉膛边界，使得炉内温度分布均匀。

（3）通过组织贫氧燃烧，大大降低了烟气中 NO_x 的排放（NO_x 排放减少 40% 以上）。

（4）炉内平均温度增加，加强了炉内的传热，导致相同尺寸的热工设备，其产量可以提高 20% 以上，大大降低了设备的造价。

（5）低发热量的燃料（如高炉煤气、发生炉煤气、低发热量的固体燃料、低发热量的液体燃料等）借助高温预热的空气或高温预热的燃气可获得较高的炉温，扩展了低发热量燃料的应用范围。

复习思考题

6-1　轧钢生产过程中能耗最大的工序是哪一个？

6-2　加热炉常用的气体燃料的种类有哪些？

6-3　三段式加热炉有哪三段，三段的设置是如何考虑的？

6-4　简述连续加热炉有哪些类型。

6-5　简述高效蓄热式加热炉的工作原理。

6-6　加热炉装出料采用什么方式？

7 中厚板生产

7.1 中厚板的用途及分类

钢板是平板状，矩形的，可通过直接轧制或由宽钢带剪切而成，与钢带合称板带钢。

按照习惯，钢板按厚度分为厚板、中板和薄板。厚度小于4mm 的钢板称为薄板。厚度为 4 ~ 20mm 的钢板称为中板，21 ~ 60mm 的称为厚板，大于 60mm 的钢板称为特厚钢板，也属于厚板范围。在我国习惯上把厚度为 4mm 以上的钢板统称为中厚钢板。

中厚钢板至今大约有 200 年生产历史，它是国家现代化不可缺少的一项钢材品种，被广泛用于大直径输送管、压力容器、锅炉、桥梁、海洋平台、各类舰艇、坦克装甲、车辆、建筑构件、机器结构等领域，其品种繁多，使用温度区域较广（ – 200 ~ 600℃），使用环境复杂（耐候性、耐蚀性等），使用要求高（强韧性、焊接性等）。

世界上中厚板轧机生产的钢板规格通常是厚度由 3mm 到 300mm，宽度由 1000mm 到 5200mm，长度一般不超过 18m。但特殊情况时厚度可达 380mm，宽度可达 5350mm，长度可达36m，甚至 60m。

7.2 中厚板生产的主要设备

7.2.1 中厚板轧机及布置

用于中厚板生产的轧机有二辊可逆式轧机、四辊可逆式轧机和万能式轧机。

7.2.1.1 二辊可逆式轧机

二辊可逆式轧机（图 7-1）采用可逆、调速轧制，利用上辊进行压下量调整，得到每道的压下量。因此可以低速咬钢、高速轧钢，具有咬入角大、压下量大、产量高的优点。此外上辊抬起高度大，轧件重量不受限制，所以对原料的适应性强，既可以轧制大钢锭也可以轧制板坯。但是二辊轧机的刚度较差，钢板厚度公差大。因此一般只适于生产厚规格的钢板，而更多的是用作双机布置中的粗轧机座。

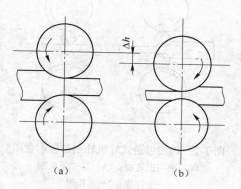

图 7-1 二辊可逆式轧机轧制过程示意图
（a）第一道轧制；（b）第二道轧制

钢板轧机按轧辊辊身的长度来标称。"3500 钢板轧机"即指轧辊辊身长度 L 为 3500mm 的钢板轧机。

二辊可逆轧机还常用 $D \times L$ 表示。D 为轧辊直径，L 为轧辊辊身长度。二辊轧机的尺寸范围：$D = 800 \sim 1300$mm，$L = 3000 \sim 5000$mm。轧辊转速 $30 \sim 60$（100）r/min。我国的二辊轧机 $D = 1100 \sim 1150$mm，$L = 2300 \sim 2800$mm，都用作双机布置中的粗轧机座。

7.2.1.2 四辊可逆式轧机

四辊可逆式轧机（图7-2）是由一对小直径工作辊和一对大直径支撑辊组成，由直流电机驱动工作辊。轧制过程与二辊可逆式轧机相同。它具有二辊可逆轧机生产灵活的优点，又由于有支撑辊使轧机辊系的刚度增大，产品精度提高。而且因为工作辊直径小，使得在相同轧制压力下能有更大的压下量，提高了产量。这种轧机的缺点是采用大功率直流或交流电机，轧机设备复杂，和二辊可逆轧机相比如果轧机开口度相同，四辊可逆轧机将要求有更高的厂房，这些都增大了投资。

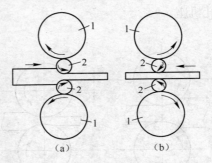

图 7-2　四辊可逆式轧机轧制过程示意图

(a) 第一道轧制；(b) 第二道轧制

1—支撑辊；2—工作辊

四辊可逆轧机用 $d/D \times L$ 表示，或简单用 L 表示。D 为支撑辊直径，d 为工作辊直径，L 为轧辊辊身长度。四辊可逆轧机的尺寸范围：$D = 1300 \sim 2400\text{mm}$，$d = 800 \sim 1200\text{mm}$，$L = 2800 \sim 5500\text{mm}$。四辊轧机是轧机中最大的，由于这类轧机生产出的钢板质量好，已成为生产中厚板的主流轧机。

图 7-3 为四辊轧机电动机直接传动轧辊的主传动示意图。两个工作辊由电动机通过接轴单独驱动，轧辊的速度同步由电气设备来保证。这种主机列减少了传动系统的飞轮力矩和损耗，缩短了启动和制动时间，因此能提高可逆式轧机的生产效率。

7.2.1.3　万能式轧机

万能式轧机（图7-4）是一种在四辊（或二辊）可逆轧机的一侧或两侧带有立辊的轧机。万能式轧机是用来生产齐边钢板，以提高成材率的。

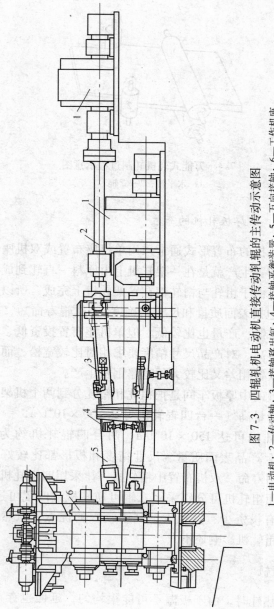

图 7-3 四辊轧机电动机直接传动轧辊的主传动示意图

1—电动机; 2—传动轴; 3—接轴移出缸; 4—接轴平衡装置; 5—万向接轴; 6—工作机座

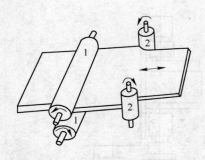

图 7-4 万能式轧机轧制过程示意图
1—水平辊；2—立辊

7.2.1.4 中厚板轧机的布置

中厚板轧机的布置形式通常采用单机座布置或双机座布置。

单机座布置生产就是在一架轧机上由原料一直轧到成品。单机座布置中，由于粗轧与精轧都在一架轧机上完成，所以产品质量比较差（包括表面质量和尺寸精确度），轧辊寿命短，产品规格范围受到限制，产量也比较低。但单机座布置投资低、适用于对产量要求不高，对产品尺寸精度要求相对比较宽松，而增加另一架轧机后投资相差又比较大的宽厚钢板生产。

双机布置的中厚板车间是把粗轧和精轧分到两个机架上去完成，它不仅产量高（一台四辊轧机可达 100×10^4 t/a，一台二辊和一台四辊轧机可达 150×10^4 t/a，两台四辊轧机约为 200×10^4 t/a），而且产品表面质量、尺寸精度和板形都比较好，还延长了轧辊使用寿命。双机布置中精轧机一律采用四辊轧机以保证产品质量，而粗轧机可分别采用二辊可逆轧机或四辊可逆轧机。二辊轧机具有投资少、辊径大、利于咬入的优点，虽然它刚性差，但作为粗轧机影响还不大。

7.2.2 矫直机

钢板在热轧时，由于板温不可能很均匀，延伸也存在偏差，以及随后的冷却和输送原因，不可避免地会造成钢板起浪或瓢曲。为保证钢板的平直度符合产品标准规定，对热轧后的钢板必须进行矫直。

中厚板的矫直设备可大致分为辊式矫直机和压力矫直机两种。如图 7-5 所示，辊式矫直机上下分别有几根辊子交错地排列，钢板边通过边进行矫直。压力矫直机有两个固定支点支撑钢板，压板施加压力而进行矫直。

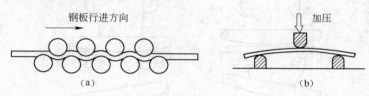

图 7-5　矫直机
（a）辊式矫直机；（b）压力矫直机

7.2.3　剪切机

剪切机是用于将钢板剪切成规定尺寸的设备。按照刀片形状和配置方式及钢板情况，在中厚板生产中常用的剪切机有：斜刀片式剪切机（通称铡刀剪、斜刃剪）、圆盘式剪切机、滚切式剪切机三种基本类型。三种剪切机刀片配置如图 7-6 所示。新建车间横切剪倾向于采用滚切式剪切机，切边采用圆盘剪（中板剪切）或者双边剪（厚板剪切。采用一对斜刃剪或一对滚切剪相对布置，称为双边剪）。

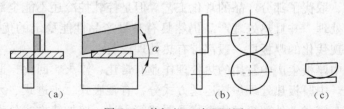

图 7-6　剪切机刀片配置图
（a）斜刃剪；（b）圆盘剪；（c）滚切剪

　　滚切式剪切机剪切时，呈弧形的上刀刃在剪切时相对于平直的下刀刃作滚动，如图7-7所示。由于剪切运动是滚动形式的，与上刀刃倾斜的剪切形式相比剪切质量大为提高。其边部整齐，加工硬化现象也不严重，降低了剪切阻力，刀刃重叠量很小（超出下刀刃1~5mm），在整个刀刃宽度上重叠量是不变的，因此避免了钢板和废边的过度弯曲现象。

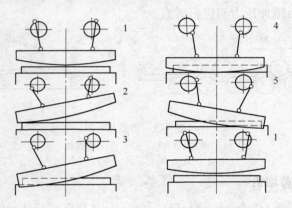

图7-7　滚切式剪切机剪切过程示意图
1—起始位置；2—剪切开始；3—左端剪切；4—中部剪切；5—右端剪切

7.2.4　热处理炉

　　对机械性能有特殊要求的钢板还需要进行热处理。即便是近年来在中厚板生产中广泛采用了控轧控冷，提高了钢板的强度与韧性、取代了部分产品的常化工艺。但是控轧控冷还不能全部取代热处理。并且热处理产品仍然具有整批产品性能稳定的优点。因此现代化的厚板厂一般都带有热处理设备。

　　中厚板生产中常用的热处理作业有常化、淬火、回火、退火四种。中厚板热处理炉按运送方式分，有辊底式、步进式、大盘式、车底式、外部机械化室式及罩式等六种。按加热方式分为直焰式和无氧化式。淬火机有压力式和辊式，淬火用介质有水和油。

7.3　某3500mm中厚板厂

7.3.1　生产规模及产品方案

生产规模：一期 800kt/a、二期 1300kt/a。

产品品种：本车间生产的钢种为碳素结构钢、优质碳素结构钢、低合金高强度结构钢、船板、管线板、厚度方向性能板、汽车大梁板、桥梁板、压力容器板、锅炉板等。

产品规格：钢板厚度 6～50mm（二期 80mm），钢板宽度 1500～3200mm，钢板长度 6000～18000mm，钢板重量（最大）11.85t。

连铸板坯规格：厚度 180mm、220mm、250mm，宽度 1400～1900mm（100mm 晋级），长度 1900～3200mm。

7.3.2　生产工艺流程

生产工艺流程如图 7-8 所示。

7.3.3　生产工艺流程描述

7.3.3.1　板坯准备及加热

板坯加热采用热装或冷装加热工艺。炼钢厂连铸车间将合格的连铸板坯用辊道运至加热炉入炉辊道，在辊道上进行称重，用推钢机推入加热炉内进行加热。在加热炉跨设有一定的区域，以作轧制跨板坯的存储和缓冲区域。

中厚板厂共设两座推钢式加热炉。加热炉采用双排布料方式。根据生产品种的要求，加热炉各段炉温按照预设定的加热曲线准确控制，板坯一般加热到 1150～1250℃。对于控制轧制的微合金化钢，为了缩短控制轧制过程中的待温时间、细化晶粒，板坯一般采用较低的加热温度，其板坯温度约为 1100～1150℃。

加热好的板坯，根据轧制节奏，由出钢机依次将板坯从加热

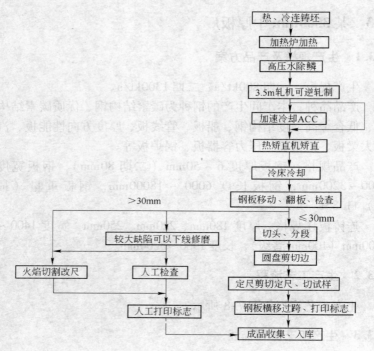

图 7-8　生产工艺流程

炉内一块一块地托出，平放在出炉辊道上。

7.3.3.2　高压水除鳞

除鳞是指利用高压水的强烈冲击作用去除板坯表面的一次氧化铁皮和二次氧化铁皮。加热好的板坯，由出炉辊道将板坯送至除鳞辊道，同时打开 18MPa 高压水除鳞箱喷嘴，将板坯上、下表面的氧化铁皮清除。然后进入轧机前输入辊道。

7.3.3.3　轧制

送达 3500mm 四辊可逆轧机入口的板坯，根据轧制表，按不同钢种和用途,采用常规轧制和控制轧制两种轧制方式,采用转向90°+纵向轧制方式,轧后钢板的最大长度为33m,最大宽度为3300mm。轧后根据产品工艺要求采用常规冷却或加速冷却。

A 常规轧制

当板坯长度较短时,板坯纵向进入四辊轧机进行成型轧制,一般经过1~4道次的成型轧制后,轧件在机前或机后回转辊道上转钢90°,然后进行展宽轧制;当轧至要求宽度后,再在回转辊道上转钢90°,然后进行延伸轧制到成品厚度。轧制过程如图7-9所示。

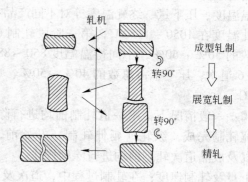

图7-9 中厚板轧制过程

当长度接近或达到最大坯料长度时,板坯先在四辊轧机入口回转辊道上转钢90°,然后进入四辊轧机进行展宽轧制,轧到产品要求的宽度后,再在轧机入口或出口回转辊道上转90°,最后进行延伸轧制,直至轧到成品厚度。

四辊轧机配备有厚度自动控制(AGC)系统,可保证产品具有良好的厚度精度和优质的板形。同时还配置了快速换辊装置。四辊可逆精轧机的最大轧制速度为6.6m/s。

为了提高钢板表面质量,由轧机上的高压水除鳞集管清除轧件上的再生氧化铁皮。

B 控制轧制

对于管线钢板、船板、锅炉板、压力容器板、低碳微合金化高强度结构板等采用控制轧制工艺生产。

根据生产钢种、规格及产品性能等要求,采用两阶段控制轧制,采用多块钢交叉轧制方式。在采用两块钢交叉轧制情况下,当一块钢在轧制时,另一块钢在一侧辊道上待温,这种方式一般用于厚度较薄的板坯,轧制厚度规格较薄的产品。在采用三块钢交叉轧制情况下,当一块钢在轧制中,另两块钢在辊道上空冷待温,当温度达到目标值时,再进行第二阶段的轧制。这种方式一般都用于板坯厚度大、轧制厚度较厚规格的产品。

控制轧制一般分第一阶段轧制、待温、第二阶段轧制,其轧制道次、待温温度、压下量、终轧温度等对不同产品有不同的要求,一般开轧温度在 1050 ~ 1150℃,第一阶段轧制 6 ~ 9 道次,压下率占总数的 50% ~ 60%,中间待温温度 850 ~ 880℃,第二阶段轧制 5 ~ 6 道次,压下率占总数的 40% ~ 50%,成品终轧温度 770 ~ 850℃。

关于除鳞:一般情况下,第一道轧制前均进行除鳞。此外,原则上在展宽轧制完成,纵轧(延伸轧制)开始前,控轧每个阶段待温后以及成品道次轧制前均进行除鳞操作。

关于压下量及轧制速度:在轧制过程中,道次及压下量的选取应适合轧机的主传动及机架的能力,在展宽前、后及展宽轧制中均应视轧件宽度的大小,选取适当的压下量。在成型轧制和展宽轧制中,轧制速度应在基速或基速以下;在纵轧或轧长阶段随着轧件温度的下降、厚度减小及长度的增加,应逐道减小压下量及提高轧制速度。

对薄规格的钢板,终轧及终轧前的后几道次的轧制过程中,应尽可能采用较高的速度,以利于轧件的变形。

轧件在辊道上空冷待温,辊道应前后不停地摆动,避免由于辊子吸热在轧件表面上产生横向"黑印",并保护辊子不受损坏。

7.3.3.4　轧后冷却

轧后冷却由加速冷却系统(ACC)组成。根据产品性能所要求的冷却速率和终冷温度，采用 ACC 系统。使用 ACC 系统可满足大多数产品所需要的加速冷却或直接淬火工艺要求。

对于要求进一步提高强度、焊接性能和低温韧性的产品，在完成控制轧制后，应立即进入加速冷却装置进行控制冷却。

加速冷却装置对钢板上下表面同时喷水冷却，钢板温度由 770 ~ 850℃ 快速下降到 450 ~ 600℃。

加速冷却的钢板厚度一般在 10 ~ 12mm 以上，并要求冷却装置要确保钢板纵向、头尾与中间、横向、上下表面的温度均匀。

钢板的冷却速度范围在 5 ~ 30℃/s（视水温和板厚而定），当钢板厚度大于 20mm 时，冷却速度最大为 20℃/s，主要是保证钢板厚度方向冷却均匀。

7.3.3.5 热矫直

钢板通过 ACC 冷却装置辊道后，由热矫直机输入辊道送至热矫直机上矫直，钢板热矫直温度一般在 600 ~ 800℃，较薄的钢板矫直温度在 450 ~ 550℃，较厚钢板的矫直温度可超过 800℃。

矫直速度是根据钢板的矫直温度、厚度及强度确定，速度范围在 0.5 ~ 1.5m/s。

矫直机压下量主要取决于钢板的矫直温度，一般在 1.0 ~ 5.0mm 的范围选取，对温度较低的钢板取较小值，对温度较高的钢板取较大值。此外，确定压下量时还要考虑钢板厚度的影响，厚度较薄的钢板压下量大，较厚者压下量小。

钢板的矫直道次，一般为一次。对于那些经过控制轧制和控制冷却的钢板可能产生更大程度的不平度，为了达到标准要求，还需要进行 1 ~ 2 次的补矫。

7.3.3.6 冷床冷却

热矫直后的钢板一般在 500 ~ 700℃ 左右进入冷床，钢板在冷床上逐块排放，并通过辊盘，在无相对摩擦、不受划伤的情况下移送，待温度下降至100℃左右时离开冷床。

7.3.3.7 钢板表面检查与修磨

钢板冷却后，人工通过反光镜目视检查钢板下表面质量，由此确定钢板是否需要翻板与修磨。然后将钢板送到检查修磨台架输入辊道，在检查修磨台架上进行人工目视检查钢板上表面，并对检查出来的缺陷，由人工用手推小车砂轮机或手提砂轮机进行修磨。对那些下表面有缺陷的钢板，由翻板机将钢板翻转180°后，再由人工用手推小车砂轮机或手提砂轮机进行修磨。

7.3.3.8 钢板切头及分段

钢板由修磨台架输出辊道运送至切头剪前输入辊道，由切头剪前对正装置对正后，再由剪前输送辊道送入切头剪切头。对个别头尾不规整的钢板或镰刀弯较大的钢板，可切除不规整部分或分段。

7.3.3.9 钢板切边

经切头或分段后的钢板，由辊道输送至圆盘剪前，经磁力对中装置预对中，再用激光画线装置精确对中，使钢板两边的切边量对称和平行。然后开动圆盘剪前输入辊道、圆盘剪（包括碎边剪）、圆盘剪后输出辊道，以同一种速度运送，圆盘剪将钢板两边切除。

根据钢板厚度及强度，圆盘剪以不同的速度剪切钢板两边，剪切速度为0.2～0.8m/s，剪切后的钢板由辊道送至定尺剪。

剪切下来的板边，由碎边剪碎断，碎边从剪机下的溜槽滑落到切头箱内，装满后以空箱置换，满箱由天车吊走。

7.3.3.10 钢板切定尺及取样

经切边的钢板，由辊道运送至定尺机前，经对正后，由定尺剪按要求剪切成不同长度的钢板。定尺钢板最大长度为18m。

需要取样时，按要求剪切样品，由人工送往检化验室。

7.3.3.11　钢板标志

定尺钢板由辊道输送，再经设在垛板下料台架的自动标志设备逐张进行成品标记。主要标明公司标志、钢种、规格、生产日期等。

对经行业协会认可生产的专用钢板，如管线钢板、船用钢板、锅炉钢板等，必要时标印出会员标志等。

7.3.3.12　钢板收集及入库

成品钢板输送到成品垛板下料台架，由 10t + 10t 磁盘吊车按钢板规格，把钢板逐张从台架上吊起，码放在收集台架上，经收集后的钢板垛，再用成品跨 15t + 15t 双钩夹钳吊车，运至成品堆放区堆存、入库、待发。

7.3.3.13　厚板（大于30mm）收集、切割、入库

经冷床冷却后的钢板，由检查台架输出辊道输送到厚板库，可以对需要改尺的钢板和厚板进行改尺切割。切割后的成品钢板在厚板库入库存储。

复习思考题

7-1　什么叫钢板，什么叫钢带，钢板按厚度是如何分类的？
7-2　中厚板采用什么样的轧机，轧机如何布置？
7-3　板带轧机如何标称？
7-4　四辊轧机是如何传动的？
7-5　什么是万能轧机？
7-6　你所参观的中厚板厂剪切线是如何布置的？
7-7　简述你所参观的中厚板厂的工艺过程，指明中厚板生产过程中所用设备的特点。
7-8　中厚板轧制过程为什么要转钢？

8 热轧带钢生产

8.1 热轧带钢生产分类

带钢生产分热轧带钢生产和冷轧带钢生产。

热轧带钢生产按轧制方式可分为热连轧带钢生产和炉卷轧机生产。

8.1.1 热连轧带钢生产工艺流程

图 8-1 为热连轧带钢生产工艺流程图，概括了现代的热轧宽带钢轧机生产，是典型的工艺流程，不同之处仅在于有无定宽压力机、边部加热器等。

8.1.2 热连轧带钢生产主要设备

8.1.2.1 粗轧机组

热带轧制和中厚板轧制一样，也分为除鳞、粗轧和精轧几个阶段，只是在粗轧阶段的宽度控制非但不展宽，反而要采用立辊对宽度进行压缩，以调节板坯宽度和提高除鳞效果。

板坯除鳞以后，进入二辊轧机轧制。随着板坯厚度的减薄和温度的下降，变形抗力增大，而板形及厚度精度要求也逐渐提高，故须采用强大的四辊轧机进行压下。为了使钢板的侧边平整和控制宽度精确，一般在以后的每架四辊粗轧机前面，设置有小立辊进行轧边。

现代热带连轧机的精轧机组大都是由 6~7 架组成，区别不大，但其粗轧机组的组成和布置却不相同。表 8-1 为几种典型轧机的粗轧机组布置形式示意图。由图可知，热带连轧机主要分为3/4 连续式和半连续式。

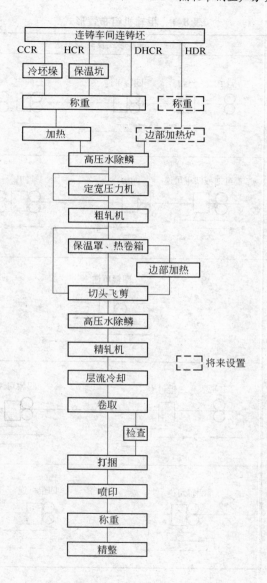

图 8-1 热连轧带钢生产工艺流程图

CCR—冷装炉；HCR—热装炉；DHCR—直接热装；HDR—直接轧制

表8-1 粗轧机组布置形式

类 型	布置形式及轧制道次
3/4 连续式	
半连续式	

3/4 连续式粗轧机为四架，一般设置 1～2 架可逆式轧机，可逆式轧机可以放在第二架，也可以放在第一架，一般还是倾向

于前者。

　　半连续式粗轧机由 1 架或 2 架可逆式轧机组成。半连续式粗轧机与 3/4 连续式粗轧机相比，具有设备少、生产线短、占地面积小、投资省等特点，且与精轧机组的能力匹配较灵活，对多品种的生产有利。近年来，由于粗轧机控制水平的提高和轧机结构的改进，轧机牌坊强度增大，轧制速度也相应提高，粗轧机单机架生产能力增大，轧机产量已不受粗轧机产量的制约，从而半连续式粗轧机发展较快。

8.1.2.2　精轧机组

　　由粗轧机组轧出的中间坯，经百米左右的中间辊道输送到精轧机组进行精轧，精轧机组的布置比较简单，如图 8-2 所示。带坯在进入精轧机之前，首先要进行测温、测厚并接着用飞剪切去头部和尾部。切头的目的是为了除去温度过低的头部，以免损伤辊面，并防止"舌头"、"鱼尾"卡在机架间的导卫装置或辊道缝隙中。有时还要把轧件的尾端切去。以防尾端的"鱼尾"或"舌头"给卷取及其后面的精整工序带来困难。现代的切头飞剪机一般采用曲柄式或转鼓式（滚筒式），二者各有利弊，应按其具体情况选型。

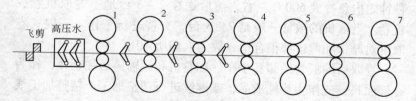

图 8-2　精轧机组布置简图

　　带钢钢坯切头以后，即进行除鳞，在飞剪与第一架精轧机之间设有高压水除鳞箱以及在精轧机的前几机架之前设高压水喷嘴，利用高压水破除次生氧化铁皮。除鳞后进入精轧机轧制，精轧机组一般由 6 ~ 7 架组成连轧。

在精轧机组各机架之间设有活套支持器。其作用：一是缓冲金属流量的变化，给控制调整以时间，并防止成叠进钢，造成事故；二是调节各道的轧制速度以保持连轧常数，当各种工艺参数产生波动时发出信号和命令，以便快速进行调整；三是带钢能在一定范围内保持恒定的小张力，防止因张力过大引起带钢拉缩，造成宽度不均甚至拉断。活套支持器可分为电动活套和液压活套。液压的活套支持器反应迅速，工作平稳，现在应用较多。

为了灵活控制辊型和板形，现代热带连轧机上皆设有液压弯辊装置以便根据情况实行弯辊。

近代热连轧机一般约每四小时换工作辊一次，全年换辊达2000 次以上。因此为了提高产量，必须进行快速换辊以缩短换辊时间，现在以转盘式和小车横移式换辊机构比较盛行，但在换支撑辊时需将小车吊走或移走。

为测量轧件的温度，在精轧入口和出口处都设有温度测量装置。为测量带钢宽度和厚度，精轧后设有测宽仪和 X 射线测厚仪。

8.1.2.3 轧后冷却及卷取

精轧机以高速轧出的带钢经过输出辊道，经层流冷却，在数秒钟之内急冷到 600℃ 左右，然后送往 2 ~ 3 台地下卷取机卷成板卷。卷取机的数量一般是 2 ~ 3 台，交替进行工作。三辊式卷取机对厚带和薄带都很合适，故为人们所乐用。

卷取后的板卷经卸卷小车、翻卷机和运输链运往仓库，作为冷轧原料，或作为热轧成品，或继续进行精整加工。精整加工线有纵切机组、横切机组、平整机组等设备。

8.1.3 热连轧带钢生产类型

热连轧带钢生产按照所使用的连铸板坯厚度可以分为常规（或传统）热连轧带钢生产、中薄板坯热连轧带钢生产、薄板坯连铸连轧带钢生产。

8.1.3.1 常规（或传统）热连轧带钢生产

常规（或传统）热连轧带钢生产机组具有以下特征：连铸板坯厚度在 200mm 左右，长度一般为 4.5～9m（也有达到 12.5m）；具有一定容量的板坯库；具有完善的生产流程线，宽带钢机组年产量多在 4000kt 左右。常规热连轧带钢生产技术经过不断的改进与完善，在板带钢的生产中仍然占据着主导地位，尤其在带钢的性能与表面质量方面有着不可比拟的优势，所以在建的热连轧生产线仍然较多。

8.1.3.2 薄板坯连铸连轧带钢生产

薄板坯连铸连轧带钢生产工艺技术，是 20 世纪 80 年代钢铁工业生产具有突破性的重大技术进步。其坯料厚度多在 70～90mm 以内，坯料长度较长，多采用辊底直通式加热炉。由于其流程短、规模适当、投资费用较低，所生产的热轧普通用途的带钢具有较好的市场竞争力。

8.1.3.3 中薄板坯热连轧带钢生产

薄板坯连铸连轧在普通用途的带钢生产上具有优势，但其所能生产的产品品种受到限制，质量有待于进一步提高，鉴于此，又出现了中薄板坯热连轧带钢生产，其坯料厚度介于 90～150mm 之间，如坯料厚度在 135mm 的中薄板坯热连轧带钢生产线，其投资较小，所能生产的产品品种较全。

8.1.3.4 无头轧制技术

1995～1996 年日本川崎钢铁公司千叶厂开发成功的无头连续轧制宽带钢技术，该技术解决了在常规热连轧机上生产厚度 0.8～1.2mm 超薄带钢的一系列技术难题。

无头连续轧制带钢技术，是在精轧机机组前将两卷中间带坯头尾端切齐并由电感应加热器将头尾接合起来，进行连续轧制的技术。在卷取机前由高速飞剪将带钢再切分开来，经地下卷取机卷成钢卷。无头轧制采用动态变规格技术，一组带钢厚度是分步减薄的，穿带和最后一卷带钢为厚度稍厚的带钢，如厚度为 1.26 ~ 1.66mm。实现无头轧制的主要设备与技术为：3 个卷位的卷取箱、中间带坯切头尾飞剪和电感应接合装置、精轧机组高速高精度厚度变更技术、卷取机前高速切分飞剪及高速穿带装置。

唐钢的薄板坯连铸连轧生产线是一套超薄带钢连铸连轧生产线，最小厚度亦可以达到 0.8mm。薄板坯在很高的温度下进入轧制线，经过很长的辊底式均热炉，采用半无头轧制工艺轧制厚 0.8 ~ 4.0mm、宽 850 ~ 1680mm 的薄带钢卷，单位宽度卷重为 18kg/mm。该生产线与 CSP 技术所不同的是板坯厚度为 90/70mm，采用 2 架不可逆式粗轧机和 5 架精轧机，末架最高出口速度为 23.2m/s。

8.1.4 新型炉卷轧机

炉卷轧机也是一种生产热带钢的生产工艺。其特点是单或双机架可逆轧机及在两侧的放在炉内的卷取机，主要用于生产不锈钢等特殊材料，年产量仅 400 ~ 800kt。在轧制较厚带坯时轧件可以不进入炉内卷取机，只有轧件较薄、温降过大的道次，带钢才进入炉内卷取机，出来后经过轧制又立刻进入另一侧的炉内卷取机进行加热。

8.2 某 2250mm 热带钢厂

8.2.1 生产规模及产品方案

生产规模：生产规模为年产热轧钢卷 4500kt，成品钢卷/板 4468kt。其中热轧商品卷 518kt/a，平整分卷钢卷 800kt/a，横切钢板 450kt/a，供冷轧钢卷 2700kt/a。

产品品种：碳素结构钢、优质碳素结构钢、低合金结构钢、船体用结构钢、锅炉/压力容器用钢、管线钢、高耐候性结构钢、汽车用钢、IF钢、双相（DP）及多相钢（MP）、相变诱导塑性钢（TRIP）等。

产品规格：带钢厚度 1.2 ~ 25.4mm，带钢宽度 800 ~ 2130mm，钢卷内径762mm，钢卷最大外径2150mm，最大卷重40t，单位宽度卷重24kg/mm。

连铸板坯规格：厚度230mm、250mm，宽度900~2150mm，定尺坯长度9000~11000mm，短尺坯长度4800~5300mm。

8.2.2　生产工艺流程

生产工艺流程为：

板坯库板坯→步进梁式加热炉→高压水除鳞→定宽压力机→R_1/R_2→中间板坯保温→边部加热→剪切→高压水除鳞→7架精轧机→层流冷却→3架卷取机→打捆→运输链等设备

8.2.3　生产工艺流程描述

直接热装轧制：当连铸和热轧的生产计划相匹配时，合格的高温连铸板坯通过与加热炉上料辊道相接的板坯输送辊道送至称量辊道，经称重、核对，进入加热炉的装炉辊道，板坯在指定的加热炉前测长、定位后，由装钢机装入加热炉进行加热。

冷装轧制：板坯经称量辊道，经称重、核对后，送往加热炉装炉辊道，板坯经测长、定位后，由装钢机装入加热炉进行加热。板坯在加热炉内加热到设定的板坯出炉温度后，依照轧制节奏，用出钢机将板坯依次托出、置于加热炉出炉辊道上。

出炉板坯经辊道输送到高压水除鳞箱，用高压水清除板坯表面氧化铁皮后板坯送往定宽压力机，根据轧制规程的要求，定宽压力机对板坯可进行最大达350mm的减宽。之后板坯经带附属立辊的四辊可逆式粗轧机 E_1R_1 和带附属立辊的四辊可逆式粗轧机 E_2R_2 进行轧制，轧制可采用 3 + 3 的道次分配，将板坯轧制成 35~60mm 的中间坯。在轧制过程中，根据轧制规程要求，可在轧机入口侧或出口侧采用高压水清除二次氧化铁皮。经粗轧机组轧制后的中间坯经延迟辊道送往精轧机区。

不能进入精轧机轧制的中间坯，直接送至延迟辊道上，再由废品推出装置将其推到延迟辊道操作侧的废品收集台架进行冷却。

中间坯经过延迟辊道时依据轧制品种和产品规格的不同而确定是否采用中间坯保温罩保温、带坯边部加热器（EH）加热。中间坯在进入切头飞剪前将速度降低至切头飞剪的入口速度，然后由切头飞剪切除中间坯的头尾。切头后的中间坯经精轧高压水除鳞箱除去二次氧化铁皮，然后进入精轧机 $F_1 \sim F_7$ 进行轧制。

精轧机组的穿带速度、加速度、最大轧制速度、各机架压下量、板形控制、机架弯辊力等均由计算机控制系统按轧制带钢的品种和规格进行计算和设定，并可动态调整，实现板形和厚度的闭环控制。为了有效地控制带钢质量，在 F_7 精轧机出口处设有凸度、平直度以及厚度、宽度、温度等轧线检测仪表。另外，在精轧机出口和卷取机入口设有带钢上下表面质量检查仪，以在线检查带钢上下表面质量。

精轧机轧出的带钢在热输出辊道上由带钢层流冷却系统采用适当的冷却制度，将热轧带钢由终轧温度冷却到规定的卷取温度。带钢的冷却方式、冷却水量都由计算机根据不同钢种、规格、终轧温度、卷取温度进行计算设定和控制。

在卷取机咬入带钢之前，热输出辊道、夹送辊、助卷辊和卷筒的速度均超前于末机架轧制速度；当带钢被卷取机咬入以后，热输出辊道、夹送辊、卷取机随精轧机同步进行升速轧制；当带钢尾部离开末机架后，热输出辊道、夹送辊要减速即滞后于卷取机卷取速度。

卷取完了，卸卷小车按设定程序上升压住带尾，并把钢卷托起，卷筒收缩，外支撑打开，由卸卷小车把钢卷托出，运至机旁打捆机处进行打捆。打捆完毕后，由运卷小车将钢卷送至托盘式运输系统，运输系统将钢卷继续向后运送，经称重、喷印后，运送到热轧钢卷库。需要检查的钢卷则送到检查线，打开钢卷进行检查后，再卷上，送回运输系统，运至热轧钢卷库。

进入钢卷库的钢卷有以下去向：直接发货的钢卷在热轧钢卷库进行堆放冷却，之后由火车或汽车外运；需要送到冷轧厂进行深加工的钢卷通过托盘式钢卷运输系统直接送到冷轧厂原料库；需要横切机组处理的钢卷，在中间库堆放、冷却到规定的温度，经横切机组剪切成钢板在成品库堆放。需要平整分卷机组处理的钢卷，在中间库堆放、冷却到规定的温度，经平整分卷机组处理后在平整分卷成品库堆放。钢卷在运输和堆放的过程中均采用卧卷的方式。

从板坯进入板坯库开始直至成品发货为止，全部工艺过程通过轧线物料跟踪系统及两库管理系统对板坯、轧件和钢卷进行全线跟踪，从而实现了计算机的自动化生产控制。

8.3 某薄板坯连铸连轧生产线

8.3.1 生产线工艺流程

生产线工艺流程如图 8-3 所示。薄板坯连铸连轧生产线主要包括薄板坯连铸机、1 线和 2 线辊底式加热炉、粗轧机（R_1）、2 号辊底式加热炉、精轧机组（$F_1 \sim F_6$）、带钢层流冷却系统和卷取机。产品规格为 1.2～20mm 厚、900～1680mm 宽的热轧带钢钢卷。钢卷内径为 762mm，外径为 1100～2025mm，最大卷重为 33.6t，最大单重为 20kg/mm。工艺流程为：

100t 氧气顶底复吹转炉钢水→120t LF 钢水预处理→钢包→中间包→结晶器→二冷段→弯曲/拉矫→剪切→1 线或 2 线加热炉→1 线加热炉→除鳞→粗轧（R_1）→2 号加热炉→除鳞→精轧→冷却→卷取→卸卷→取样→打捆→喷号→入库

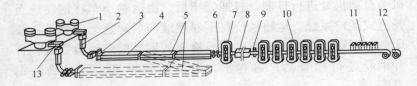

图 8-3　连铸连轧生产线工艺流程图

1—钢水包；2—连铸机；3—摆式剪切机；4—1 线辊底式加热炉；

5—加热炉摆动装置；6—1 号高压水除鳞装置；7—粗轧机；8—2 号加热炉；

9—2 号高压水除鳞装置；10—精轧机组；11—层流冷却；

12—地下式卷取机；13—2 线设备

8.3.2　主要工艺特点

8.3.2.1　连铸工艺

精炼跨吊车将盛有精炼钢水的钢包吊放到大包回转台转臂上，回转台顶部机械手将钢包盖盖在钢包上，而后回转臂升起并旋转 180°将钢包转到连铸跨结晶器上方，连接好长水口，打开钢包滑动水口将钢水注入烘烤好的中间包内。当中间包内钢水升到预定高度后，开启中间包塞棒，按要求向结晶器注入钢水，结晶器内钢水高于浸入式水口的两个侧水口一定高度后，向钢液加入保护渣，而后自动开启结晶器振动装置及夹送辊进行拉坯。同时扇形段二冷水主阀打开喷水冷却，结晶器液面检测控制系统、跟踪系统投入工作。当铸坯头部从扇形 I 段进入扇形 II 段后，跟踪系统发出信号，扇形 I 段内弧侧实施液芯压下，将铸坯从 70mm 压到 60mm，铸坯头部经过扇形 III 段继续垂直向下并通过顶弯辊。顶弯辊动作将铸坯头部顶弯，使引锭杆与铸坯脱开。接着顶弯辊进一步将铸坯头部顶弯到半径为 3.25m 的圆弧线上，在弯曲辊、弧形导向段的导向下铸坯沿弯曲半径进入拉矫机。矫直后的铸坯沿水平方向前进，坯头越过摆式剪后，摆式剪动作切下坯头，切头掉入切头箱内，铸坯继续向前进入均热炉内。

该连铸机为立弯式结构。中间包容量 36t，结晶器出口厚度

70mm（连铸机投液芯压下时板坯厚度为60mm），结晶器长度1100mm，铸坯宽度 900～1680mm，坯流导向长度 9325～9705mm，铸速（坯厚70mm）低碳保证值最大 4.8m/min、高碳保证值最大 4.5m/min、最小 2.8m/min，弯曲半径3250mm。

8.3.2.2 辊底炉均热

1 线加热炉炉长 178.8m，由加热段、输送段、摆动段、保温段组成，炉子同时具有加热、均热、储存（缓冲）的功能，可容纳 4 块 38m 长的板坯。

2 线加热炉炉长 173.4m，由加热段、输送段、摆动段组成。

2 号加热炉炉长 66.8m，由一段构成，主要起均热、保温作用，最高炉温 1150℃，铸坯最高入炉温度 1120℃，最高出炉温度 1130℃。加热炉燃料为混合煤气，烧嘴形式为热风烧嘴。

当连铸机铸出的连铸坯以铸速（2.8～5.5m/min）进入辊底炉并且在铸坯尾部完全通过加热段后（加热段长度 55.0m），开始加速直达最大速度（65m/min）并通过输送段、摆动段进入保温段与后续铸坯拉开距离，保证必要的缓冲时间。而后加热好的铸坯以轧机第一架咬入速度离开均热炉，进入轧机轧制。当来自第二流铸机的板坯以铸速进入加热炉且板坯尾部通过该炉加热段后，板坯开始加速，同样以最大速度（65m/min）通过输送段，直至本炉末端的摆动段。待两个炉子摆动段旋转复原后，该板坯前进至 1 线炉的保温段并以轧速进入轧机进行轧制。板坯入炉温度 850～1050℃，板坯出炉温度 1100～1150℃，由计算机系统进行最佳化控制，确保沿长度和厚度方向上板坯出炉目标温度精度达到 ±10℃的要求。

8.3.2.3 高压水除鳞

西马克公司针对薄板坯连铸连轧氧化铁皮难于清除的问题开发研制了新型除鳞机，该除鳞机的喷嘴是固定的，水流从一定的角度喷射到板坯表面。为了防止水在板坯表面残留，降低板坯温度，在除鳞机内部水流反射面的上方安装集水器，收集残留的水。除鳞水压较高，最高可达 44MPa，通常使用 35MPa。图 8-4 是该除鳞机的简图。

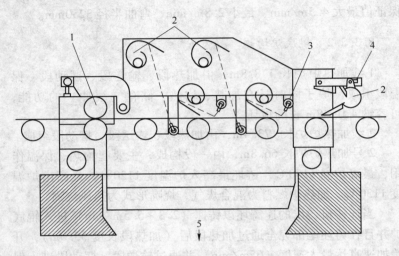

图 8-4 西马克公司除鳞机结构简图
1—挤压辊；2—集水器；3—带喷嘴的喷水器；4—挡水板；5—铁皮坑

8.3.2.4 粗轧机

粗轧机为单机架四辊不可逆式轧机，其作用是将铸坯一道轧成所需坯厚。最大轧制力 42000kN，工作辊尺寸 $\phi880/790mm \times 1900mm$，支撑辊尺寸 $\phi1500/1350mm \times 1900mm$，主电机功率 8300kW，轧出坯厚 33.0~52.5 mm。

8.3.2.5 精轧机组

精轧机组有 6 架四辊不可逆式轧机（$F_1 \sim F_6$），剪机为液压曲柄连杆式，除鳞为高压水除鳞，最大轧制力为 4200kN，主电机功率均为 8300kW，机架间距 5500mm，F_6 最大出口速度 12.6m/s，板带厚 1.2~20mm，板带宽 900~1680mm，终轧温度

900~950℃。为了确保带钢精度、控制板形和平直度，精轧各机架均装备了 CVC 系统、WRB 系统、AGC 系统、PCFC 系统及快速换辊装置和测量仪表。CVC 轧机的工作原理如图 8-5 所示。

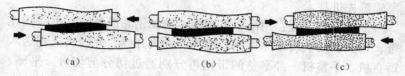

（a） （b） （c）

图 8-5 CVC 轧机的工作原理
（a）负凸度控制；（b）中性凸度控制；（c）正凸度控制

8.3.2.6 层流冷却系统

输出辊道上设置的层流冷却装置长度为 43.2m。其中上部喷淋区包括 26 个微调区，8 个精调区；下部设有 27 个微调区和 8 个精调区。喷淋区供水压力是 1MPa，最大供水量为 5240m³/h。根据工艺要求，可将带钢由终轧温度 900~950℃，冷却到 550~650℃的卷取温度。

8.3.2.7 卷取机

卷取机为液压三辊卷板机，卷取温度一般在 550~650℃，最大卷取速度 15m/s，芯轴驱动电机功率为 800kW，最大卷重 33.6t。带钢进入三助卷辊地下卷取机，被卷成一定直径的钢卷。卸卷小车将钢卷取下并传送到钢卷提升车上，经旋转到 1 号步进梁、2 号步进梁，其中经过带钢检查站检查、称重、打捆、喷印作业。然后带卷被运送到带卷库存放或送到精整跨进行平整分卷。

8.3.2.8 平整分卷机组

平整分卷机组是热轧的主要精整设备，主要任务是根据用户要求，将大卷分成小卷；开卷对带钢表面进行检查；对薄规格带钢进行平整，以改善带钢板形、平直度及力学性能。平整分卷机组的主要设备包括上料步进梁、开卷机、矫直机、平整机、剪切机、卷取机、输送步进梁、打捆机、称重机、标号机等。平整机采用了液压厚度 AGC、恒伸长率自动控制、工作辊弯辊、快速换辊等先进技术。

　　平整分卷过程：用吊车将钢卷运输到钢卷准备站，拆除捆扎带，切头，用上料小车将钢卷运往开卷机开卷，并经夹送辊送入矫直机、平整机。经平整的带钢再分别通过切分剪切分。平整、切分后的带钢再由卷取机卷成钢卷。而后，钢卷由钢卷小车从卷取机上卸下，并被送到步进梁运输机上，进行称重、打捆、喷印。最后，吊车把钢卷卸到成品库等待发货。

复习思考题

8-1　简述热连轧带钢生产工艺流程。

8-2　指出你所参观的热带车间的类型。

8-3　你所参观的热带车间采用什么样的轧机，轧机如何布置？

8-4　简述你所参观的热带厂的工艺流程。

9 冷轧带钢生产

9.1 冷轧带钢生产基本知识

冷轧带钢一般厚度为 $0.2 \sim 3mm$，宽度为 $100 \sim 2000mm$，以热轧带钢为原料，在常温下经四辊或六辊冷轧机轧制成材。厚度小于 $0.2mm$ 的带钢称之为极薄带钢或箔材，是采用冷轧带钢，更进一步加工而成，通常采用多辊轧机轧制。由于冷轧板带钢的产品规格繁多、尺寸精度高、表面质量好、机械性能及工艺性能均优于热轧带钢，因而被广泛应用于机械制造、汽车制造、机车车辆、建筑结构、航空火箭、轻工食品、电子仪表及家用电器等工业部门。

9.1.1 冷轧带钢生产的工艺特点

9.1.1.1 金属的加工硬化

冷轧是在金属再结晶温度以下进行的轧制。在冷轧中，金属的晶粒被破碎且不能产生回复再结晶，导致金属产生加工硬化。由于加工硬化，使金属变形抗力增大、轧制压力升高，金属的塑性降低，容易产生脆断。加工硬化超过一定程度后，因金属过于硬脆而不能继续轧制。因此板带钢经一定的冷轧总变形量之后，须经热处理（再结晶退火），恢复其塑性，降低变形抗力，以利于继续轧制。

9.1.1.2 冷轧中采用工艺润滑与冷却

冷轧采用工艺润滑的主要作用是减小金属的变形抗力、降低能耗、提高轧辊的寿命、改善带钢厚度的均匀性和表面状态，可使轧机生产厚度更小的产品。

冷轧过程中轧件变形产生的变形热，再加上轧件和轧辊摩擦产生的摩擦热，使轧件和轧辊温度升高。故需采用工艺冷却；现代冷轧机的轧制速度愈来愈高，工艺冷却就愈显得重要。否则，因辊面温度过高会引起淬火层硬度下降，并有可能促使淬火层内发生残余奥氏体的分解，使辊面出现附加的组织应力。同时辊温过高也会使工艺润滑剂失效，使润滑油膜破裂，使轧制不能正常进行。

因而在冷轧生产中，广泛采用了兼顾润滑和冷却作用的油和水的混合剂——乳化液。当以一定流量喷到轧件和辊面上时，既能有效地吸收热量，又能保证油剂以较快的速度均匀而有效的从乳化液中析离并黏附在轧件和辊面上，及时均匀的形成厚度适中的油膜。

9.1.1.3 冷轧中采用张力轧制

所谓"张力轧制"，就是轧件在轧辊中的变形是在一定值的前张力和后张力的作用下实现的。作用方向与轧制方向相同的张力称做前张力；作用方向与轧制方向相反的张力称做后张力。单位张力是作用在带材断面上的平均张应力。

张力在冷轧生产过程中起着非常重要的作用，在轧制过程中，张力具有自动调节作用，使轧件沿宽度方向的延伸分布趋向均匀，以消除轧制过程中出现带材跑偏、撕裂、断带等现象。张力轧制能降低轧制压力，可以轧制出更薄的产品。

9.1.2 冷轧带钢厂生产工艺

9.1.2.1 酸洗

盐酸酸洗效率高，质量好，不侵蚀带钢基体，废酸可以再生，国内几乎所有酸洗机组均采用盐酸酸洗。

国内普遍采用的酸洗工艺有半连续式和连续式（卧式、塔式）。半连续式以推拉式酸洗为主，其设备简单、适应性强、操作方便、占地少、投资省，尤其适用于中、小型钢厂。连续式则以卧式机组居多。其生产效率高、产量大，易于和其他机组结合形成联合工作形式。目前效率高的酸洗机组都是间接加热酸液；各槽独立设置酸液循环系统，以保证槽间浓度差；在线可检测酸液浓度，并能自动调节新酸的补充量；密封的槽盖由机械开启。

目前在浅槽酸洗的基础上又发展了紊流酸洗。酸槽结构按流体力学原理设计，槽内酸的流动在带钢表面形成紊流状态，明显提高了酸洗速度和酸洗质量。

9.1.2.2 轧制

冷轧机组主要有以下两种类型：

（1）连轧机组（四辊或六辊）。单卷连轧、全连续冷轧机组、酸洗—冷轧联合机组。

（2）可逆轧机（四辊、六辊或多辊）。单机架可逆轧机、双机架可逆轧机。

由于酸洗—冷轧联合机组具有生产节奏快、成材率高、产量大、产品质量好等明显优势，大型钢厂新建冷轧厂无一例外地均选取了联合机组。

双机架可逆轧机利用了单卷轧制所具有的灵活性、多变性，减少了轧制时间，提高了产量，更适合生产薄带和特殊钢、高强钢等产品。当产量在 500～800kt/a 时，值得考虑使用。

使用四辊轧机，若辅以必要的弯辊、分段冷却、液压 AGC 等手段也能生产质量上乘的产品。而六辊轧机由于控制手段多，因此生产对板形要求高、对凸度要求严的产品更有利一些。轧制变形抗力大、极薄带钢只能采用多辊轧机轧制。

9.1.2.3 退火

退火工艺主要有两种：罩式炉（成批）退火和连续退火。

罩式炉退火工艺加热时间长，适用于深冲钢。内罩里采用氮气、氮氢混合气体或全氢气体等方式，其中全氢保护方式已成为近几年罩式炉退火的首选方式。这是因为氢气的导热系数为氮气的 7 倍,而氢气的密度仅为氮气的 1/14。并且在整个退火过程中几乎不对带钢产生氧化反应;可提高钢卷加热速度和冷却速度40% ~ 50%,使热处理时间节省约 30%。

连续退火工艺克服了罩式炉退火周期长、人力多、占地大等不足,以其产量大、生产稳定、效率高而得到飞速发展。它将脱脂、退火、平整、精整、检查等工艺过程集于一身。使产品沿纵向长度上的性能更加一致、均匀,质量好,收得率高,生产出成品的时间由成批退火的 10d 缩短为 10min。通过与炼钢技术的结合,加上清洗技术以及控制退火后带钢的冷却速度,可以方便而经济地生产出不同强度级别和深冲等级、表面质量要求高的带钢,满足不同行业的要求,只是其对产品的厚度有一定限制。

9.1.2.4　平整

根据产品种类不同,国内的平整机多采用单机架四辊轧机;双机架平整多用于镀锡板平整和二次冷轧。轧辊采用毛辊或光辊,以满足不同用户对带钢表面粗糙度的不同要求。

安装在镀锌机组后面的平整机也称为光整机,它与拉矫机配合,可完成伸长率恒定或轧制力恒定的控制,以改善板形。

平整工艺有干平整和湿平整两种。干平整时,辊面黏附的一点点杂质都会在成品带钢上产生周期性压痕,影响质量,因此需使用专用设施在负压作用下吸收带钢表面的碳化粉末及油污。

湿平整时,平整液的润滑作用使带钢的(微小)变形均匀、平整力下降,可阻止带钢表面产生压痕,对辊面的粗糙度也起到一定的保护作用,可延长轧辊寿命。但要使带钢表面达到一定的粗糙度,毛面辊的粗糙度因使用湿平整液而需有所提高。

9.1.2.5　带钢涂、镀层

带钢涂、镀层生产分为两大类:一类是金属镀层,例如:镀锌、镀锡、镀铬、镀铝等；另一类是非金属涂层，例如：涂漆、覆膜等。

A　镀锌钢板生产

镀锌钢板一般采用热浸镀法，也有采用电镀法生产镀层厚为 $30g/m^2$ 以下的镀锌钢板的。

热镀锌机组应用较广的是"森吉米尔法"镀锌作业线，经连续退火机组退火后的带钢在 $450 \sim 470℃$ 温度下进入锌锅，以保持锌液温度不变。在锌锅出口采用可控的喷嘴沿一定角度向带钢喷吹压缩空气或过热蒸汽，以除去多余的锌液，即用"气刀"来控制镀锌层厚度，用这种方法可以生产正、反两面镀层厚度不同的差厚镀锌钢板。为使原板表面形成一层锌铁合金，使它具有良好的延伸性，镀锌后的钢板应经过再加热（即通过镀层退火炉），加热温度约为 $550℃$。为提高镀锌钢板的防腐性能，带钢冷却后，应在铬酸或磷酸液中进行钝化处理，铬化层厚度约 $15 \sim 40mg/m^2$。

B　镀锡板生产

镀锡钢板要求原板表面十分洁净，否则会影响镀层质量。因此，一般在冷轧后退火前，原板通过电解清洗机组进行碱洗和电解清洗。

镀锡钢板生产方法有热镀和电镀两种。目前已很少采用热镀锡的生产方法。电镀锡方法的优点是镀层薄而均匀，每面的镀锡量可薄至 $2.8g/m^2$，而且可以得到正、反两面镀锡量不同的差厚镀锡板。

电镀锡机组根据镀液的不同，可分为碱性型、酸性型和卤素型三种作业线。"弗洛斯坦酸性型作业线"是目前世界上使用最广的一种。电镀液的主要成分是硫酸亚锡和酚磺酸。电镀时以锡为阳极，带钢为阴极，这样，锡阳极就溶解成二价锡离子进入电镀液，并在带钢表面析出。

电镀的锡层附着力差，没有光泽，必须通过软熔处理。软熔装置将带钢加热到锡的熔点以上的温度，使锡层熔融，然后立即浸入水中冷却，使其变为有光泽的镀锡板。

软熔后的带钢表面覆有一层锡的氧化物（主要是氧化亚锡），当长期贮存或涂料烘烤时，会氧化而发黄，耐蚀性也就变坏。为了消除这些缺点，还要进行钝化处理（化学处理）。钝化处理是将带钢放入碳酸盐、铬酸盐溶液中进行化学处理或在重铬酸钠溶液中进行铬化电解处理。通过钝化，将自然产生的锡氧化膜溶解掉，并生成一层很薄但很致密的铬酸盐钝化膜，它有很好的保护作用。

带钢经钝化处理后，通过清洗、干燥、涂油（一般用静电涂油，耗油量 $3 \sim 15 mg/m^2$），最后切成定尺，或卷成带钢卷，供应用户。

C　彩色涂层钢板生产

彩色涂层钢板具有外观美、耐腐蚀、性能优的特点，现已广泛用于食品工业、散粒包装容器、建筑器材、住宅和商店设施、仪表器材、交通设施、白铁制品和包装捆带等。

采用钢质作基体材料时，除冷轧带钢外，也可采用经表面镀金属层处理后的带钢。带钢宽度可以为 $10 \sim 1800 mm$。厚度为 $0.15 \sim 1.8 mm$，多数为 $0.20 \sim 1.50 mm$。有机涂层厚度每面为 $3 \sim 400 \mu m$。可以单面涂层，也可以双面涂层；两面的涂层成分、涂层顺序及厚度可以相同，也可不同。

有机涂料有热塑性的和热固性的漆，可为溶液或分散体或热塑性薄膜，主要有：酚漆/环氧漆；醇酸漆；丙烯酸树脂；聚酯树脂；硅聚酸树脂；聚氯乙烯塑料溶胶以及硬聚氯乙烯和聚氟乙烯薄膜等。

涂层工艺一般包括多道工序：金属表面准备（清洗、产生非金属的中间层）、单道或多道涂敷（几乎全是辊涂，很少用浇、浸或喷涂）液态或固态涂料（胶粘剂、底漆、面漆、有机溶胶或塑性溶胶、薄膜），随后烘烤或胶凝、冷却以及压花、印花和涂保护膜和增滑膜（蜡、可剥性护面膜或护面漆）等处理工序。

9.2 某冷轧带钢厂

某冷轧带钢厂包括：酸轧联合机组、平整机组、酸再生机组、全氢罩式炉退火机组、热镀锌机组、彩涂机组、横剪机组、纵剪机组。

9.2.1 酸洗冷轧机组

某酸－轧联合机组设备简图如图9-1所示。

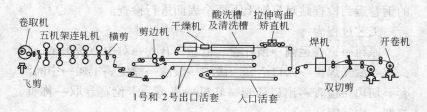

图 9-1 某酸-轧联合机组设备简图

酸洗采用超浅槽紊流盐酸酸洗技术；轧制工艺采用 5 机架 6 辊 CVC 串列式冷轧机，机组出口最大速度可达 1250m/min，并具有最新的板形检测调节装置和轧辊凸度连续可变的调节技术；出口采用卡伦赛卷取机。

热轧原料卷由连铸连轧厂钢卷库运送至冷轧厂的原料钢卷库，用吊车卸下按不同钢种和规格尺寸分区存放。

按照生产计划安排，通过原料库内的吊车把钢卷吊运至酸洗－轧机联合机组入口段的步进梁上。热轧原料卷经上料、开卷、直头、切除带钢头尾超差部分后，将前一卷带钢尾部与后一卷带钢头部进行焊接，然后通过入口活套，经过拉伸矫直机矫直破鳞后，进入盐酸酸洗槽以除掉带钢表面的氧化铁皮。经过酸洗、漂洗、烘干后的带钢通过酸洗出口活套送到切边剪。根据下工序生产要求，带钢可以在此处切边或不切边。带钢通过切边剪后进入到冷连轧机入口段的活套内，供冷连轧机轧制。

串列式五机架冷连轧机入口端张力辊装置把带钢从轧机入口端的活套内拉出，连续不断地送入冷连轧机轧制到所要求的成品厚度。经冷连轧机轧制后的带钢送至卷取机上卷取，当卷重或带钢长度达到所规定的值时，由轧机出口段的飞剪进行分卷。卷取好的钢卷由卸卷小车卸下，经过称重、捆扎后，由组合式过跨运输机分别将钢卷送至轧后成品库跨或罩式退火炉跨的中间钢卷库存放。

出口段还设有带钢表面检查站，必要时由钢卷小车把要检查的钢卷运到检查站对带钢上下两个表面进行检查。

工艺过程为：

原料→钢卷运输→预开卷、上卷→开卷→对中→矫头尾→切头尾→激光焊接→入口活套→破鳞→酸洗→漂洗→干燥→中间活套→切边→检查→出口活套→轧机→飞剪→卡伦赛卷取→称重、打捆→中间库

9.2.2　强对流全氢罩式退火炉

9.2.2.1　强对流全氢罩式炉的技术特点

（1）强对流。罩式退火炉退火采用间歇式生产方式，以高炉和焦炉混合煤气作燃料，通过内罩对带钢卷进行间接加热。炉料得到热量多少取决于内罩壁的辐射传热和气体对流传热的能力。

由于轧制后的带钢钢卷存在着中间厚、两边薄的横向厚差，所以带钢层间存在着间隙。而间隙中充满空气，由于空气导热系数远远低于钢的传热系数；因此带钢钢卷的径向导热能力很差，影响了钢卷的径向传热效果。提高辐射传热的效果，只有提高内罩壁的温度，形成较高的温度差，这必将导致钢卷外圈过热，是不允许的。

增加内罩壁与保护气体之间对流传热的主要途径是加大保护气体的流速，为此采用以下的措施：

1）提高炉台循环风机的功率并采用变频调速；

2）增大炉台风扇的叶轮直径，优化叶轮曲线；

3）配备性能优良的底部对流板和中间对流板，优化气体通道，以满足流体力学、高速、高温的要求。

（2）采用纯氢作为保护气体。

9.2.2.2 罩式退火炉

罩式退火炉一般有加热罩、内罩、炉台、冷却罩四部分组成。由于钢卷在热处理过程中一般要在内罩中进行冷却，生产中往往将多座装好料的炉台组成一组共同使用一个加热罩，依次轮流供热。钢卷内的最终温度和温差达到规定值后，加热过程结束，将加热罩移到另一个已装好料并扣上内罩的炉台上，开始新一轮的热处理加热周期。在原来炉台的内罩扣上冷却罩进行快速冷却到出炉温度，相继吊走冷却罩、内罩，并将钢卷吊到终冷台进行最终冷却。

罩式退火炉的整个工作过程可分为 13 段，首先将钢卷堆垛在炉台上，放上内罩，控制系统 BCU 接到开关放置信号后，自动进入第 2 段，进行 H_2 阀密封测试，H_2 入口阀压力达到3000 ~ 4000Pa，30s 内压力恒定，H_2 阀密封合格，控制系统进入第 3 段，连接冷却水，当流量开关显示有水时，控制系统启动液压泵，进行液压夹紧，夹紧后控制系统自动进入第 4 段，进行内罩炉台密封测试，3min 内内罩压力下降不超过 500Pa，密封测试合格后控制系统由第 4 段进入第 5 段。第 5 段为 N_2 预吹洗，内罩下面的空气由 N_2 取代，内罩里的氧含量必须低于 1%，吹洗时间最短不得少于24min。满足上述条件后进入第 6 段，放置加热罩，按下加热罩点火按钮，自动点火，罩式炉烧嘴燃烧，进入第 7 段。加热开始，温度在 300℃ 左右有 $10m^3 H_2$ 注入时，循环风机由低速运转变为高速运转。当温度达 700℃ 时进行恒温均热，最后进行热密封测试。如果 H_2 排放阀和 H_2 输入阀关闭，测量压力值存储 5min 内。压力下降不超过 500Pa，则热密封合格，退火阶段全部结束。此时，由第 7 段转为第 8 段，根据钢卷的实际要求，进入设定，如果带加热罩冷却，关闭煤气阀，打开空气阀，吹入最大流量空气进行冷却，加热罩冷却结束后，进入第 9 段。吊走加热罩，进行热辐射，然后放冷却罩。系统进入第 10 段。冷却风机自动启动，此时循环风机仍高速运转，控制系统进入第 11 段，当温度达到 450 ~ 500℃时启动快速冷却系统，温降至约 100℃左右，卷芯温度为 160℃时自动进行后吹洗，循环风机低速转动。后吹洗时，81m^3 吹洗气体（氮气）必须流进内罩，而且最短吹洗时间不得少于 27min，满足上述条件后，控制系统进入第 12 段。吊走冷却罩，内罩释放，拔出炉台冷却水接头，吊走内罩，此时控制系统进入第 13 段。此段用吊车卸卷，完成退火及冷却全过程。

以上 13 段全过程均可在计算机室内监视。

工艺流程示意图如图 9-2 所示。

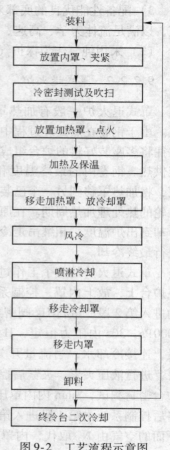

图 9-2 工艺流程示意图

9.2.3 平整机组

平整机组采用西马克四辊平整机，采用湿平整工艺，年处理退火钢卷能力 960kt。

首先天车将退火后的立卷吊运到 1 号步进梁上，天车装卷精

度为 ±100mm，在 1 号步进梁上运输过程中对钢卷进行测径，测径精度为 ±5mm，1 号步进梁通过液压缸的半行程将钢卷向翻卷机垂直接收臂上靠，并通过翻卷机将钢卷翻为卧卷。

然后经 1 号钢卷车将钢卷运输到钢卷准备站，并将钢卷装在准备站开卷机上，在钢卷运输中进行测宽，测宽精度为 ±5mm。在钢卷准备站由人工去除捆带，并经准备站开卷机开卷，将钢卷头部送入夹送辊和切头剪进行切头，切头后采用三辊矫直机对带钢的头部进行矫直，然后经 1 号钢卷车将钢卷运输到 2 号步进梁上，2 号步进梁有 4 个卷位。

然后 2 号钢卷车从 2 号步进梁上卸卷，并将钢卷装在开卷机上，上卷高度精度为 ±4mm。开卷机形式为双柱头四扇形段开卷机，钢卷经开卷机开卷后进入张力辊装置，进口张力辊有两种工作模式：第一种模式为带钢通过 S 形张力辊；第二种模式为带钢不通过张力辊，张力辊的上辊作为转向辊模式。带钢厚度小于 1.5mm 时过 S 形张力辊，带钢厚度大于 1.5mm 时上张力辊作为转向辊。经过张力辊后，采用侧导板装置将带钢送入平整机进行轧制。

平整机采用四辊湿平整工艺，工作辊辊径为 $\phi560 \sim 500$mm，辊身长度为 1780mm，最大轧制速度为 1500m/min，平整机前后最大张力为 61kN，最小张力为 6.6kN，最大轧制力为 12000kN，工作辊带正负弯辊。平整机对 CQ、DQ、DDQ 的最大延伸率为 3%，对 HSLA 钢的最大延伸率为 2%。

在平整机的入口侧安装有磁性尾卷套筒处理装置，其作用为将平整钢卷的尾卷和为防止钢卷塌卷的钢内套从开卷机芯轴上卸下，并运输到料斗内。

平整后的钢卷经过转向辊进入张力卷取机，在平整机和转向辊之间安装有横切剪和静电涂油机，横切剪的功能为取样、分卷、剪切尾卷，静电涂油机按照需要可以对板带上表面进行涂油。

卷取好的钢卷经 3 号钢卷车卸卷并将钢卷运输到 3 号步进梁

上，在 3 号步进梁的运输过程中对钢卷进行称重和打捆，在 3 号步进梁上安装有转向台，按照下道工序的需要将钢卷转向到合适方向。3 号步进梁将钢卷运输到举升台上，经举升台将钢卷举升到高速小车上，高速小车将钢卷运输到存储鞍座上，然后由天车将钢卷卸到中间库里。

四辊平整机延伸率控制原理为：采用测量进口上张力辊和出口转向辊的速度测量板带的伸长率，然后通过调节轧制力和轧前轧后张力，控制板带的伸长率。

9.2.4 热镀锌机组

9.2.4.1 工艺流程

工艺流程为：

入口步进梁→开卷机→双切剪→焊机→入口活套→清洗段→退火炉→锌锅→气刀→镀后冷却→淬水槽→湿光整机→拉矫机→化涂机→出口活套→检查台→静电涂油机→出口剪→卷取机→出口步进梁

9.2.4.2 入口段

冷轧钢卷（镀锌原料卷）由轧后钢卷库内天车放置在过跨镀锌机组入口步进梁运输机上。钢卷运输小车从步进梁运输机上接收钢卷，并将钢卷运输到生产线始端位置处的 1 号或 2 号入口钢卷小车上（交替运输）。在第一个钢卷鞍座处提供托辊装置，钢卷由托辊旋转调节到卷端头合适的位置。钢卷的捆带在托辊上由人工切断拆除。钢卷通过自动测量卷径（在 2 号鞍座上）和带宽装置将钢卷自动放置到开卷机的芯轴上。

机组入口配置两台开卷机以便在一台开卷机工作时，另一台穿带进入焊机的入口台。钢卷在电磁运输机的协助下从开卷机喂入到夹送辊。在夹送辊后配有平头机，用于矫正钢卷的头端和尾端的弯折以确保入口段的穿带操作。

双剪切机用来切掉在喂入焊机前的板带头端和尾端超差部分和损伤部分，切掉的废料头通过倾斜板溜到废料槽内。废料槽满后由跨内天车吊走清空。然后板带喂入到焊机，通过焊机前后的对中装置把前、后板带对中后进行窄搭接，焊接在一起。

焊机采用自动操作，以使入口段焊接钢卷的时间尽量减少。

安装在焊机上的打孔机通过在板带中心线上打一个孔，标出焊接位置，以便于板带跟踪。紧跟焊机后面的开槽机切去焊接缝的两端以便能够平滑运行，防止划伤设备。

来自焊机和开槽机的废料收集到另一个废料槽内，由天车吊走清空。

1号张紧装置安装在入口活套的入口侧，正常生产时从开卷机中拉出板带并且保持在活套中的板带后张力。

9.2.4.3 入口活套段

随后板带进入1号纠偏装置，纠偏装置用于纠正板带中心位置的跑偏，使板带正确进入入口活套内。1号纠偏装置后的板带通过转向辊进入立式入口活套，在这里贮存了约400米的板带，以便在入口段由于焊接操作而停车时，仍保持工艺段生产的连续性和正常生产速度。

活套的中间和出口分别安装了2号和3号纠偏装置以保证板带在活套内的中心位置。活套为上活套小车移动式，便于检修和维护。

9.2.4.4 清洗段

从入口活套出来的板带经过2号张紧装置进入清洗段，清洗段的作用是使板带表面黏附的油和污物在碱液中被除掉，确保进入退火炉内板带有一个清洁的表面，以生产涂层附着力强的高质量产品。

这段包括V形热碱清洗槽、水平热碱刷洗槽、V形电解清洗槽、水平热水刷洗槽和热水漂洗槽以及清洗段必要的碱液和热水循环系统。

板带在进入清洗段之前,首先进入 2 号张紧装置,其作用是隔开活套和清洗段间的张力,确保清洗段间板带张力的恒定。

板带首先进入 1 号热碱清洗槽和 1 号热碱刷洗槽,主要利用化学和物理除油原理把板带表面的油脂除去。然后板带进入电解清洗槽,利用电化学除油原理,使板带表面深处的油膜与带钢分开,达到清洁的目的。在电解清洗槽后面装有 2 号刷洗装置,用热水刷洗带钢表面,进一步除去残留的油和污物以及带钢表面的碱液。漂洗槽在刷洗槽后面,利用热漂洗水洗净板带两面的碱液。

热气烘干机安装在热水漂洗槽后,用于清洗段后烘干板带。

清洗循环系统作为一个整体系统,用于供给和循环 NaOH 碱溶液与热脱矿水漂洗液,该系统带有温度、浓度和液位控制装置。其中 1 号碱洗和 1 号刷洗共用一个循环槽,电解清洗单独用一个循环槽,2 号刷洗和热水漂洗用一个级联式循环槽。

清洗干净的板带通过 4 号纠偏装置后进入 3 号张紧装置,用于在清洗段产生足够的板带张力,并保持炉子段中所需的后张力。

9.2.4.5 炉子段

由于冷轧后的带钢晶粒组织被延伸和硬化,不利于进一步的加工成型,因此板带要进行退火处理,把产生加工硬化的带钢进行再结晶退火处理,完善微观组织,提高塑性和冲压成型性。退火炉采用立式全辐射管燃烧式加热炉,节省空间。

板带进入炉子之前首先经过立式 4 号纠偏装置对板带进行纠偏,然后进入 3 号张紧装置,隔开清洗段和炉子段间的张力。

9.2.4.6 镀层段

从退火炉出来后,板带冷却到 460℃ 左右,通过炉鼻喂入到锌锅内。

在经过锌锅过程中，锌液将会镀到板带表面上。镀层的重量由安装在锌锅上方的气刀系统控制。

锌锅上装有两个感应加热器，用其加热和熔化补充到锌锅内的锌锭和锌液保温。

锌锭由单轨吊车系统从位于锌锅附近的锌锭储存处添加到锌锅内。

镀层控制设备由气刀和锅辊设备两个主要部分构成。

气刀由喷嘴和挡板系统组成，锅辊设备包括浸没辊、稳定辊和矫正辊。气刀喷嘴通过在锌锅的出口处向板带表面喷空气，以均匀地调整板带上镀层重量。

挡板系统能保证板带边部气流均匀，防止锌层的边部增厚，降低噪声。

浸没辊、稳定辊和矫正辊设备用于严格调整板带的位置。

同时，前稳定辊还可以通过调整辊自身的位置来调整板带的横弯。

预留有水雾喷淋式小锌花装置，喷淋水的作用是快速冷却镀锌层和抑制锌花长大。由于锌层凝固点位置距气刀的距离是不固定的，影响因素有板带速度、镀层厚度等，因此在气刀设备上方提供小锌花预冷器，用来缩短喷淋装置的垂直移动距离。预冷器可缩回到停止位置处。

在镀层控制设备后面，镀层板带经过空冷段冷却。

板带从镀锌温度460℃首先冷却到约300℃达到第一个塔顶辊，这样可使镀层不至于粘到塔顶辊表面上。在板带下行段继续喷吹冷却到180℃，然后进入水淬槽，水冷带钢到45℃以下，通过两对挤干辊和热风烘干板带。

塔顶辊用于转向板带，先由立式转为水平，然后再由水平转为立式。

烘干后板带进入5号纠偏辊装置，用于对中板带在镀层段的运行轨迹。

在水淬槽后面，提供一台镀层测厚仪，对镀层厚度进行测量，并与气刀形成闭环，对镀层厚度进行闭环控制。

9.2.4.7 光整和拉矫段

通过 5 号纠偏辊后，板带进入光整机入口前 4 号张力辊装置（4 个辊），张紧装置把板带从镀层段拉出，并且给光整机内的板带提供后张力。

四辊湿式光整机和六辊张力矫直机提高了镀锌钢板的抗折性能，并且使镀锌板带的表面状况符合要求。

在光整机后，提供一套挤干辊装置，用于挤掉湿光整液。

在光整机的入、出口各有一个张力计辊，用于精确控制张力。

在光整机的出口侧，有两辊式的张力辊装置。用于将板带从张力矫直机内拉出。在张力矫直机的出口侧，带有四个辊的张力矫直机出口张力辊装置为板带在化学处理段和出口活套提供后张力。

光整机和张力矫直机为板带提供的最大延伸率为2%，这要依赖于板带机械性能。

9.2.4.8 化学处理段

为了防止镀锌板表面氧化而生白锈，需经化学处理（铬化）。该机组配置了立式化学辊涂机进行铬化处理，一是减少铬化液的排放，二是可精确控制涂铬层的厚度和均匀性。铬化后的板带立即进行热气干燥。

9.2.4.9 出口活套段

立式出口活套（储存能力为 400m）安装在化学处理段和出口段之间。因此在出口段的生产线慢下来或停下来时，炉子段和镀层段能够维持工艺操作速度。

在出口活套的出口和入口处，安装有 6 号和 7 号纠偏辊装置用于纠偏板带位置。

9.2.4.10 出口段

在活套出口处，安装一套张力辊装置用于把板带从出口活套中拉出。同时，为出口段板带提供后张力以及在线检查带钢时能保持住活套内的张力而不松套。板带接着进入立式和水平检查台。立式检查台主要观察板带上下表面的状况，水平检查台主要检查板带的平直度。为了检查板带平直度时保持板带静止状态，在检查台后面也安装了一套张紧装置，以隔开检查台和卷取间的张力。张紧装置后安装有静电涂油机，在板带两面涂上防锈油，防止长途运输时产品生锈。板带涂油后进入出口剪，出口剪用于切分板带、切除焊接部分和切试样。废料通过废料溜槽收集到废料箱里。试样由人工拖出。

两台张力卷取机用来卷取板带，并通过抱辊和导向门可靠地对板带进行卷取分配。皮带运输机将板带运输到1号张力卷取机上方的2号张力卷取机上。

皮带助卷器安装在张力卷取机上，通过导向台协助卷取。

钢卷小车从张力卷取机上接收钢卷，并将钢卷运输到钢卷运输小车上，由钢卷运输小车将钢卷从1号和2号出口钢卷小车的末端位置交替运输到步进梁运输机上。

步进梁运输机将钢卷自动地运输到钢卷储存区。

钢卷称重机位于步进梁运输机第二个位置，用于测量钢卷重量。

自动打捆机布置在步进梁运输机的第2个位置上，用于钢卷周向自动打捆。

9.2.5 彩涂线

9.2.5.1 彩涂线的工艺流程

彩涂线的原料卷为镀锌卷，来自本厂镀锌车间。镀锌卷经过跨小车运到成品跨，使用天车将跨内的镀锌原料卷吊放到位于原料跨内的钢卷鞍座上,使用运卷小车将钢卷运输到上卷鞍座,再用此小车将原料钢卷装载到开卷机。开卷机进行开卷并保持开卷后张力,可以实现上下开卷。开卷机可通过 CPC 控制进行侧向移动,以保持开卷过程中带钢始终处于生产线的中心,最大横移距离为 150mm。在穿带时,1 号夹送辊喂送带钢进入双切剪。在双切剪处切除带钢的头尾,废料由位于废料小车上的废料斗收集。随后使用缝合机将前后带钢连接起来,以便连续操作,在缝合机的入出口配置有自动对中装置。缝合机之后配置有月牙剪,作用是切除缝合缝处带钢角部的突出部分,保护涂辊及生产线辊。随后带钢进入去毛刺辊,在此去除缝合缝及带钢边部的毛刺。在入口活套前有一套张力辊和一对纠偏辊,用来控制活套的入口张力并将张力辊前后的张力隔离,同时保证带钢对中。张力辊与入口活套之间的转向辊上配有张力计。入口活套用来储存带钢以便于在入口段进行缝合操作时保持工艺段的速度并连续运行。活套为立式,上部小车可升降。在活套的下辊配置有断带夹紧装置。

在入口活套的出口也配置有一对纠偏辊和一套张力辊,用来保证带钢的对中,同时控制活套的出口张力,并将活套内与清洗段的张力隔离。之后带钢进入清洗段,在此通过向带钢的上下表面喷射温度为 65℃ 左右的碱液去除带钢表面的防锈油、灰尘等,并经过漂洗使带钢表面清洁。之后在 1 号烘干装置处通过向带钢的表面喷吹热风使带钢干燥。烘干装置之后有一套张力辊,用来隔离清洗段与涂层段之间的张力。

随后带钢经 3 号纠偏装置进入化学涂层机,在带钢表面形成一层化学钝化膜,增加涂层的附着性。化涂机为立式,有两个涂头,均为二辊结构,当缝合缝通过时左右涂头可快速打开,以保护涂辊免受损坏。化涂机为手动调节,带有载荷显示装置。化涂机之后带钢进入化涂炉,使化学涂层固化成膜。化涂炉之后配置有冷却辊,使带钢的温度从 80℃ 降至 45℃ 左右。

化涂冷却辊之后,带钢经过 4 号纠偏装置进入初涂机,在此在带钢的上下或上表面涂一层底漆。初涂机有上下两个涂头，上涂头为三辊，下涂头为二辊结构。初涂机各辊配置有载荷传感器，用来显示辊间以及涂辊与带钢之间的压力。当缝合缝通过时，涂头可快速撤离，以保护涂辊免受损坏。辊间压力手动调节。带钢经初涂机之后进入初涂固化炉，初涂固化炉为热风循环间接加热方式，在固化炉的入口配置有带钢悬垂度仪。初涂固化炉全长42m，分为3个区，在第一区配置有VOC有机溶剂检测防爆装置。固化炉的热气由焚烧炉的燃烧废气集中换热而得。固化炉内含有有机挥发溶剂的排放废气由焚烧炉焚烧，去除有害成分，达到环保要求。初涂固化炉的后面是1号水淬装置，先气冷后水冷使带钢的温度从250℃降至45℃左右。随后经烘干装置进行干燥。在此位置设有一对张力辊，用来控制初涂固化炉内的带钢张力，并将张力辊前后的张力隔离。经5号纠偏辊之后带钢进入1号精涂机，在带钢的上表面涂一层面漆。1号精涂机只有一个上涂头，为三辊结构。辊间压力手动调节，配置有载荷显示装置。当缝合缝通过时涂头可以快速撤离以保护涂头。1号精涂机后面配置有2号精涂机，在两个精涂机之间配置有烘干炉。当生产印花产品时，在初涂机涂一层底漆，经初涂固化炉固化；使用1号精涂机在带钢的上表面涂一层油墨，经过1号与2号精涂机之间的烘干炉使油墨干燥，使用2号精涂机在带钢的表面涂一层清漆，经精涂固化炉固化。精涂固化炉全长50m，分为4个区，结构同初涂固化炉。在精涂固化炉的出口预留有热贴膜装置的空间，将来可改造生产热贴膜产品。随后带钢到达2号水淬装置和烘干装置，原理同初涂炉。

在出口活套的入口同样设置了一套张力辊，用来控制精涂固化炉的出口张力及出口活套的入口张力。出口活套的作用是当出口进行剪切操作时保持工艺段连续生产。出口活套的结构同入口活套。在出口活套的出口也设置了一对张力辊，用来控制出口活套的出口张力，在活套出口和张力辊间的转向辊上装有张力计。带钢从出口活套出来之后经检查台进入冷贴膜机，当生产家电板时在带钢的表面敷一层塑料保护膜。最后带钢经出口剪到达出口卷取机。用卸卷小车卸载成品卷并运送到出口钢卷鞍座，在称重、打捆、贴标签之后用天车或叉车运走。

9.2.5.2　工艺流程

工艺流程为：

上卷→开卷机→双切剪→缝合机→月牙剪→入口活套→化学清洗→烘干→化涂→烘干→冷却→初涂→初涂固化炉→水淬→干燥→精涂→精涂固化炉→水淬→干燥→出口活套→冷贴膜→出口剪→张力卷取机

9.2.6　横切及板垛包装机组工艺流程简述

车间吊车将要定尺剪切加工的带卷存放在鞍座上，最多可储放两个卷。捆带由人工在鞍座剪断，上卷小车从储卷鞍座上将带卷托起并运送至开卷机卷筒上，上卷可采用自动上卷也可采用手动上卷操作。自动上卷由高度自动对中系统及宽度自动对中系统控制，将带卷自动上到开卷机卷筒上；手动上卷是通过目测带卷中心与开卷机卷筒中心上卷。带卷装上卷筒后，轴头支撑摆动至工作位置托住卷轴。

开卷机压辊压下并压紧带卷后，开卷机压辊与开头机伸缩刮板配合打开带卷；下开卷时由上卷小车辅助开卷，操作开头机将带头夹住送入切头剪切头，开卷机的压辊可抬起，根据生产要求，切头剪可进行一次或数次切头，切头后带材继续前进进入立导辊，自动调整立导辊开口度对正带头后，夹送辊抬起，CPC投入自动工作，此后夹送辊再压下并夹送带材进入圆盘剪切边，立导辊快速打开，两边废边经过圆盘剪的废边导槽导入地坑后由人工送入卷边机卷轴上缠绕而后置于联动状态。

切边后的带材进入其后的辊式矫直机，操作工根据板厚、板形、材质调整矫直辊压下量和辊型使带材矫平后，经检查台检查（由人工按下按钮，程序自动控制，磁力皮带自动分选）进入飞剪机，带材进入飞剪机后，飞剪机的测量辊及送料辊压下，摆动皮带、皮带运输机及电磁皮带以设定速度运行，成品垛板机和次品垛板机的升降小车托着垫板处于堆垛位置，机组以穿带速度运行，飞剪机先切下不规则的带头并经摆动皮带进入废料箱。切完带头后，机组以设定速度，飞剪机以设定长度及设定速度剪切，剪切后的钢板经摆动皮带、输送皮带送入静电涂油机，涂油机对钢板进行单面、双面及切口涂油，钢板进入磁力皮带，机组中次品垛位为1号垛位，而成品垛位为2号或3号垛位。升降小车进入，承接垛板前要放上枕木，其放置由人工完成。磁力皮带将次品落入1号垛位，成品钢板被皮带运输机送入设定的2号垛位或3号垛位。升降小车自动下降，当板垛达到预定重量或达到预定张数时，2号、3号垛位换垛。链式输送机将板垛移出，放在运输辊道上，同时称重，板垛经输入辊道到达定位辊道，经对中、定位后由板垛吊将其抓起，送至已放好底框、底板和包装纸的包装线鞍链上。

板垛包装的工作过程在鞍形链式输送机上完成，共7个工位，所有工位的动作都完成后，鞍链移动一个步距。

第一工位：使用底框对中台作定位基准，将横木和纵管正确地安放在输送链鞍座上，组成底框。

第二工位：在底框上放好底板、包装纸，板垛平稳降落在鞍座底框上。

第三工位：包好包装纸，安放盒角。

第四工位：安放上盖。

第五工位：进行横向捆扎。

第六工位：进行纵向捆扎。

第七工位：包装好的板垛由板垛吊起，放至存储辊道上，由存储辊道向后输送入库。

9.2.7 重卷拉矫机组生产工艺流程简述

该机组的来料带卷由车间的天车吊运到机组前部的来料存料

台架上，人工去除捆带。采用自动上卷的方式，上卷小车横移到存料台带卷的下方，将带卷托起并横移，在带卷进入卷筒之前，高度方向、水平方向自动定位，小车继续横移，将带卷套到开卷机的卷筒上，完成上卷过程。外伸支撑抬起支撑卷筒，小车的鞍座下降，同时开卷机卷筒胀径再将压辊压下，小车退回。

　　开头时，开头矫直机的刮板摆起伸出至工作位置。点动开卷机，让带卷转动，使带头打开并沿着开头矫直机的刮板前进进入开头矫直机的夹送辊，夹送辊的上辊压下夹住带材。开头矫直机的刮板缩回摆下。点动开卷机和开头矫直机，使带材继续前进，经过开头矫直机的三辊直头后，带材头部进入切头剪。完成带卷的开头。

　　切头时，首先将切头剪后的摆动导板台摆起。开头矫直机向前送料，带头进入切头剪，送料停止。切头剪进行剪切，将带头切断。切下的废带头掉入废料小车。根据需要重复该过程，完成带材的切头。

　　继续向前送料，进入立导辊。由立导辊闭合，将带材对中，开头夹送辊及矫直辊打开。CPC 系统投入工作然后将立导辊快速打开。带材继续向前送进，带材通过 1 号送料辊后，1 号送料辊上辊压下，与前面设备一起向前送料。经过焊机焊接，进入拉矫机前张力辊，当带头通过 1 号张力辊后，1 号压辊压下，继续向前送料，带头依次通过 2 号、3 号、4 号张力辊后，1 号、2 号、3 号、4 号张力辊与前面设备一起继续向前送带，使带材通过矫直机本体，并通过 5 号、6 号、7 号、8 号张力辊后，2 号压辊压下；5 号、6 号、7 号、8 号张力辊与前段设备一起联动送料。

　　带材穿过转向辊、活套、活套出口纠偏辊、活套出口张力辊后，活套出口张力辊的压辊压下，活套出口张力辊与前段设备一起联动送料，使带材穿过切焊缝剪。经过立导辊对中后，带材进入切边圆盘剪进行切边。立导辊快速打开。切边后的带材经过台架继续前进。切下的废带边经过圆盘剪上的废边导槽向下进入废边地坑。人工将废边头引出废边地坑至卷边机，并将其插入卷边机的卷轴上，点动卷边机，将废边卷取。然后将其置于联动状态。

切边后的带钢经过去毛刺辊，送至涂油机涂油，经过分切剪通过转向辊，将带材沿卷取机导板导入助卷器，借助于助卷器将带材卷到卷取机的卷筒上。点动卷取机，卷取几圈带材，助卷器打开。

EPC 投入工作，机组开始建张力，矫直机辊系投入，低速调整板形，升速并正常生产。

当卷取机上的带材重量接近设定值时，机组的自动计量系统控制机组卷取段自动停车。卷取机压辊压下，分切剪进行剪切，将带材剪断，卷取带尾。卷取机压辊抬起，外伸支撑退回，卷取机卷筒缩径，卸卷小车的鞍座升起托住带卷。卸卷小车向存料台方向横移。成品带卷在卸卷小车上进行一至二道打捆。当卸卷小车到达成品存料台位置时，卸卷小车的鞍座下降，将带卷放到存料台架上进行称重，完成卸卷过程。

在卷取段停车时，活套出口张力辊的压辊压下，活套前部设备继续以爬行速度充套。

当一个大卷完成后，即当开卷机上的带卷生产完后，开头矫直机矫直辊压下，对带尾进行矫直、剪切处理带尾，并使带尾停在焊机处，等待下一卷剪切了废带头后的带头到达进行焊接。机组停车并开始焊接及冲孔，当焊接工序完成后，开头机，夹送辊打开，机组进入低速联动工作状态（延伸率回零）。焊缝通过拉伸弯曲矫直机（当焊缝接近弯曲矫直辊时，拉弯矫直辊辊系自动打开使焊缝通过，当焊缝通过后，辊系自动压下投入），焊缝到达切焊缝剪后，切焊缝剪上的夹送辊压紧，带材活套出口张力辊的压辊压下，切掉焊缝，将有焊缝的废带收走，将带头穿至卷取机，进行正常生产。

当一个大卷生产完时，重复进行带材由焊接、分切到卷取机的穿带过程，进行剪切矫直分卷或重卷作业。

剪切取样在分切剪处进行。取样时，由人工操作控制试样送料长度，由分切剪进行剪切，剪切下的样品由人工取走。

机组设有检查台，人工对带材上下表面进行检查和缺陷记录。

复习思考题

9-1 什么是冷轧，冷轧带钢有什么优点？

9-2 简述冷轧带钢生产的工艺特点。

9-3 简述你所参观的冷轧带钢厂的机组组成。

9-4 简述你所参观冷轧带钢厂的某机组的工艺流程。

9-5 你所参观的车间采用什么样的设备，如何布置？

10 大型型钢生产

10.1 型钢生产概述

10.1.1 型钢分类

型钢按断面尺寸可分为大型型钢、中型型钢和小型型钢,其划分常以它们的断面尺寸适合在大型、中型或小型轧机上轧制来分类。大型、中型和小型的区分实际上并不严格。另外还有用单重(kg/m)来区分的方法。一般认为,单重在 5kg/m 以下的是小型材,单重在 5~20kg/m 的是中型材,单重超过 20kg/m 的是大型材。

按照轧辊的名义直径,型钢轧机可分为轨梁轧机、大型轧机、中型轧机、小型轧机和线材轧机。各类轧机的轧辊尺寸、最大轧制速度和产品尺寸范围如表 10-1 所示。

表 10-1 各类型钢轧机特征与产品尺寸范围

轧机类型	轧辊尺寸/mm		最大轧制速度/m·s⁻¹	产品范围
	直径	长度		
轨梁轧机	750~900	1200~2300	5~7	38kg/m 以上重轨;24 号以上的工字钢、槽钢
大型轧机	500~750	800~1900	2.5~7	18~75kg/m 钢轨;22~63 号工字钢、槽钢,φ80~350mm 圆钢
中型轧机	350~500	600~1200	2.5~15	直径或边长 32~102mm 圆钢、方钢;8~30kg/m 钢轨;5~16 号工字钢、槽钢。
小型轧机	250~350	500~800	4.5~20	直径或边长 9~65mm(连轧达 75mm)的圆钢、方钢;5~8 号工字钢、槽钢,2~8 号角钢

轧机类型	轧辊尺寸/mm		最大轧制速度/m·s⁻¹	产品范围
	直 径	长 度		
线材轧机	250~350	500~800	10~50	直径 5~9mm 线材
高速线材轧机	150~250 （辊环直径）	62~100 （辊环宽度）	50~140	直径 5~13mm 线材；盘卷达 φ10~50mm

10.1.2　热轧 H 型钢

H 型钢可用焊接和轧制两种方法生产。由于焊接 H 型钢金属消耗大、生产经济效益低、不易保证产品性能均匀等，因此，H 型钢生产多以轧制方式为主。H 型钢和普通工字钢在轧制上的主要区别是：工字钢可以在两辊孔型中轧制，而 H 型钢则需要在万能孔型中轧制。使用万能孔型轧制，H 型钢的腰部在上下水平辊之间进行轧制，边部则在水平辊侧面和立辊之间同时轧制成型。由于仅有万能孔型尚不能对边端施加压下，这样就需要在万能机架后设置轧边机，以便加工边端并控制边宽。在实际轧制生产中，可以将万能轧机和轧边机组成一组可逆连轧机，使轧件往复轧制若干次，如图 10-1（a）所示。或者将几架万能轧机和 1~2 架轧边机组成一组连轧机组，每道次施加相应的压下量，将坯料轧成所需规格形状和尺寸的产品。在轧件边部，由于水平辊侧面与轧件之间有滑动，故轧辊磨损比较大。为了保证重车后的轧辊能恢复原来的形状，除万能成品孔型外，上下水平辊的侧面及其相对应的立辊表面都有 3°~10°的倾角。成品万能孔型，又称为万能精轧孔，其水平辊侧面与水平辊轴线垂直或有很小的倾角，一般在 0°~0.3°，立辊呈圆柱状，见图 10-1（d）。

用万能轧机轧制 H 型钢，轧件断面可得到较均匀的延伸，边部内外侧轧辊表面的速度差较小，可减轻产品的内应力及外形上的缺陷。适当改变万能孔型中的水平辊和立辊的压下量，便能获得不同规格的 H 型钢。万能孔型的轧辊几何形状简单，不均匀磨损小，寿命大大长于两辊孔型，轧辊消耗可大为减少。万能

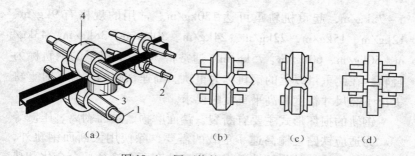

图 10-1 用万能轧机轧制 H 型钢

(a) 万能—轧边可逆连轧；(b) 万能粗轧孔；(c) 轧边孔；(d) 万能成品孔

1，4—水平辊；2—轧边辊；3—立辊

孔型轧制 H 型钢，可以方便地根据用户要求的产品尺寸量材使用，即同一尺寸系列，除了腰厚和边厚变化外，其余尺寸均可固定。因此，同一万能孔型所轧出的同一系列 H 型钢可具有多种腰厚和边厚尺寸，使产品的规格数量大大增加，为用户选择最节材的尺寸规格提供了极大的方便。

万能轧机生产 H 型钢多采用串列式布置，最常见的方式是：粗轧机为一台或两台二辊可逆开坯机（简称 BD 机），中轧机是一组万能—轧边—万能 3 机架可逆连轧机组（简称 UEU 机组）或者是一组或两组万能—轧边可逆连轧机组（简称 UE 机组），精轧机是一台成品万能轧机（简称 U_f 轧机），如图 10-2 所示。

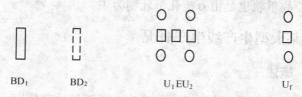

图 10-2 串列式 H 型钢轧机的典型布置

10.1.3 热轧钢轨

钢轨的规格以每米长的重量来表示。普通钢轨的重量范围为

5~78kg/m，起重机轨重可达 120kg/m。常用的规格有 9kg/m、12kg/m、15kg/m、22kg/m、24kg/m、30kg/m、38kg/m、43kg/m、50kg/m、60kg/m、75kg/m。通常将 30kg/m 以下的钢轨称为轻轨。在此重量以上的钢轨称为重轨。高速铁路的发展又对重轨提出了高尺寸精度和高平直度的要求。

钢轨的损坏形式主要有断裂、踏面磨损、踏面剥离、压溃等等。为适应铁路运输高速、重载的需要，除使用大断面钢轨外，还要求提高重轨的强韧性。提高强韧性有两个途径：合金化和热处理。俄罗斯、美国和日本等国主要采用钢轨热处理的方法提高强韧性，即对钢轨进行全长淬火。西欧等一些国家则采用合金化钢轨以提高强韧性。

由于使用性能的要求，重轨生产的工艺比一般型钢更复杂，要求进行轧后冷却、矫直、轨端加工、热处理和探伤等工序。

重轨的轧制方法分为两辊孔型法和万能孔型法。两辊孔型法又分为直轧法和斜轧法两种，在一般二辊或三辊轧机上采用箱形—帽形—轨形孔型系统进行轧制。万能孔型法是利用万能轧机轧制重轨。轧制方法类似于 H 型钢轧制。由于万能孔型轧制法不存在闭口槽，为上下对称轧制，故轧件尺寸精确，轧件内部残余应力小，轨底加工好，轧机调整灵活。轧制高速铁路用重轨的效果优于二辊孔型。工业先进国家主要的大、中型型材轧机都是万能轧机，故重轨也是由万能孔型轧制为主。

10.2　某大型生产线生产概况

10.2.1　概述

该生产线主要生产钢质高纯净度、断面尺寸高精度、外观高平直度、表面及内部高品质的钢轨，以满足高速铁路发展的需要，以及 H 型钢、结构型钢及异型钢等多品种钢材，同时可以生产方坯，以供棒、线材做坯料使用。该项目采用了当今世界先进的技术装备及生产工艺，代表了轨梁生产的国际领先水平。该车间设计年生产能力为 1380kt，其中钢轨 450kt，H 型钢 500kt，其他型钢 430kt。原料采用 446mm × 260mm × 85mm，450mm × 350mm × 90mm、750mm × 370mm × 90mm 的异型坯和 380mm × 280mm，325mm × 280mm 的方坯，坯长 4100 ~ 10000mm。

主要产品包括：

（1）钢轨：高速钢轨（38 ~ 75kg/m），吊车轨（QU80、QU100）等。

（2）H 型钢：宽翼缘（HW250mm × 250mm ~ 300mm × 300mm），中翼缘（HM400mm × 300mm ~ 600mm × 300mm），窄翼缘（HN400mm × 150mm ~ 600mm × 200mm）等。

（3）工字钢（25 ~ 36 号）、槽钢（25 ~ 36 号）、角钢（18 ~ 20 号）、钢板桩、矿用工字钢、球扁钢等。

（4）方坯：供棒线做坯料使用，主要生产 150mm × 150mm 的方坯。

10.2.2　平面布置图

工艺平面布置如图 10-3 所示。

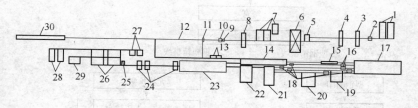

图 10-3　大型线平面布置图

1—步进梁式加热炉；2—高压水除鳞装置；3—BD₁ 轧机；4—BD₂ 轧机；5—摆式热锯；6—万能轧机机组；7—方坯冷床；8—万能精轧机；9—钢轨打印机；10—轮廓仪；11—热锯；12—冷床；13—平立复合矫直机；14—矫后横移台架；15—钢轨检测中心；16—压力矫直机；17—锯前收集台架；18—锯钻机床；19—钢轨再上料台架；20—1 号淬火台架；21—2 号淬火台架；22—3 号淬火台架；23—型钢编组及长尺收集台架；24—型钢冷锯；25—型钢短尺收集台架；26—型钢检查堆垛台架；27—2 号型钢成品收集台架；28—1 号型钢成品收集台架；29—型钢废品收集台架；30—全长余热淬火装置

10.2.3　工艺流程图

工艺流程图如图 10-4 所示。

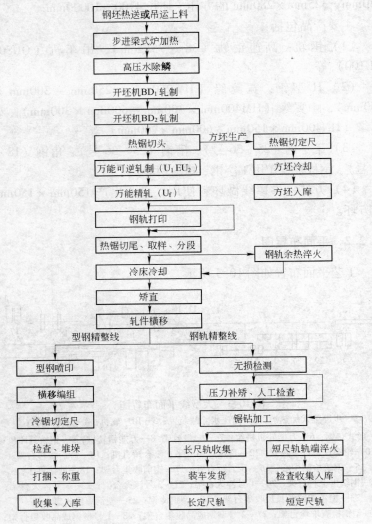

图 10-4　大型型钢车间工艺流程图

10.2.4 主要生产设备

10.2.4.1 加热炉

加热炉为步进梁式炉，加热模式为双排料加热，加热能力约160t/h，加热温度约1250℃，燃料为高焦炉混合煤气。

10.2.4.2 开坯轧机 BD_1 和 BD_2

两架开坯轧机 BD_1、BD_2 均采用二辊可逆式闭口牌坊结构，具备机电液一体化功能，具有自动防轧卡装置、过载保护等功能；轧辊由同步可逆主电机通过齿轮箱驱动；最大辊环直径为1350mm；BD_1、BD_2 均采用电动压下；其下辊具有轴向调整功能，并能进行轴向液压锁紧；设有快速换辊装置，轧机作业率高。BD_1、BD_2 两架轧机相同，大大减少了备件数量，降低了成本。

10.2.4.3 热锯

热锯形式为摆式热锯，从西马克引进。全线共有两台热锯，BD_2 后有一台切头锯，冷床前有一台切尾和取样用热锯。锯片最大直径 D = 1800mm，最小 1650mm，快速更换锯片时间约 15min。

10.2.4.4 万能轧机机组

万能轧机及轧边机为新一代 CCS 紧凑型轧机，采用全液压压下、液压位置控制 HPC、自动辊缝控制 AGC 和下水平辊动态轴向调整，轧辊和导卫成组快速更换，轧机刚度好，调整精度高。万能轧机有万能模式和二辊模式两种工作模式，其万能模式水平辊最大辊径 D = 1200mm，辊身长度 600mm；立辊最大直径 D = 800mm，辊身最大长度为 340mm。

轧边机为二辊可逆移动式机架，轧制钢轨时可以快速横移，更换孔型。轧机由一台主电机通过齿轮箱传动，轧辊最大直径 $D=1000\mathrm{mm}$，辊身长度约 $1200\mathrm{mm}$。

万能精轧机与万能轧机机组的 U_1 和 U_2 规格和模式相同。U_f 不与串联轧机形成连轧，可显著提高产品尺寸精度，保证产品质量的稳定，降低内部应力。

10.2.4.5　方坯冷床

共有 3 台方坯冷床，采用两台供一台的冷却模式。采用双齿回转式方坯冷床，可边前进边回转，冷却效果好、弯曲变形小，可直接为线棒车间提供高质量的轧制方坯。冷床采用惠斯顿上、下料装置，宽度为 $12100\mathrm{mm}$，长度为 $17200\mathrm{mm}$。

10.2.4.6　冷床

冷床形式为液压驱动的步进梁式冷床，其长约 $41\mathrm{m}$，宽约 $104.8\mathrm{m}$。该冷床有如下特点：

(1) 冷床入口设有预弯小车，用于对钢轨预弯，以降低冷却后的弯曲度，不但可提高钢轨矫直质量，也可提高冷床的冷却能力。

(2) 冷床步距可调。为适应不同规格钢轨及 H 型钢的冷却需要，提高冷却能力，步进梁的步进距离可根据生产的需要进行调整。

(3) 为保证钢轨和型钢可靠地从冷床输送到冷床出口辊道上，冷床出口侧的下料小车上装有单独的电机和传感器，以确定弯曲轧件的位置并将其安全输送到辊道上。

10.2.4.7　平立复合矫直机

水平矫直机为双支撑固定节距矫直机，立式矫直机为不等节距。水平矫直机有 9 个工作辊，水平辊节距为 $1800\mathrm{mm}$，水平矫直机 2 号、4 号、6 号、8 号矫直辊可以在垂直方向上进行调整，9 号辊可以在水平和垂直方向上进行微量调整（垂直方向为

±25mm，水平方向为 25mm），所有矫直辊都可以进行轴向调整；立式矫直机有 8 个工作辊，立辊节距约为 1300mm，1 号、3 号、5 号、7 号辊是主动辊，2 号、4 号、6 号是从动辊，可在水平方向进行调节，每个矫直辊都可以在轴向进行调节。水平矫直机入口侧设有辊式翻钢机。因为型钢不需立式矫直，所以我们只需将立式矫直机从轧制线移开，并用一段辊道代替立式矫直机。采用长尺冷却、长尺矫直，减少矫直盲区，从而显著提高矫直质量、定尺率及成材率。水平矫直机节距较大，可以降低产品内部应力 30% 以上，同时可以减小矫直力，降低矫直机的负荷。

10.2.4.8 钢轨检测中心

钢轨检测中心主要设备包括表面清理装置、断面尺寸检测系统、平直度检测系统、涡流检测系统、超声波检测系统、电磁超声波检测系统、缺陷喷印装置、运输导向装置等，用于检查及判定钢轨断面尺寸、平直度、表面质量及内部缺陷等。钢轨检测中心引进的电磁超声波检测系统在国内是首次使用，利用电磁超声波检测系统可以检测产品的内部组织缺陷，大大提高了产品检测的精度，提高了检测的节奏。

10.2.4.9 钢轨全长余热淬火装置

钢轨全长余热淬火装置是由西马克公司提供的全套淬火设备，用来对高品质要求的钢轨进行全长淬火。该设备所用淬火技术是西马克的专利技术，采用水介质进行淬火。钢轨全长淬火的使用，可以生产性能要求较高的产品，以提高产品竞争力。

10.2.5 主要工艺特点

10.2.5.1 轧制线

大型型钢主轧线采用由 $BD_1 + BD_2 + U_1EU_2 + U_f$ 共 6 架轧机组成的万能轧制生产线。万能轧机之间的轧边机既可用于轧边又可用于其他型钢的成型,通常该机架可横移,并设有多个孔槽。该生产线产品精度高,布置紧凑,调整方便,产品齐全,生产效率高,运行费用低,车间生产工艺及装备具备世界先进水平。

采用 BD$_1$、BD$_2$ 两架开坯机,并分别配置钩式翻钢机和钳式翻钢机,其优点有提高开坯能力、缩短轧制周期、减少坯料规格、轧辊孔型配置灵活等。

万能轧机既可轧制钢轨,又可轧制 H 型钢及其他型材。其中钢轨采用万能法轧制,断面变形对称均匀,轨头和轨底加工良好,断面尺寸精度高,产品内应力少,表面品质好;H 型钢采用 X–X 轧制法,可提高生产能力,减少操作成本和一次投资,终轧温度高,轧制力和轧制功率低,轧辊使用寿命长,产品质量更高;普通型钢及异型钢等品种采用二辊模式轧制。

万能连轧机组后加有一台万能精轧机,大大提高了产品尺寸精度和稳定性。

采用多级高压水除鳞工艺,即钢坯出炉后、万能轧机 U$_1$ 前及万能精轧成品道次前采用高压水除鳞清除轧件表面氧化铁皮,有利于提高产品表面质量、降低轧辊消耗。

10.2.5.2　冷却精整

该生产线冷却精整区具有以下特点:

(1) 钢轨和型钢共用一台水平双支撑矫直机,当不需要立式矫直机矫直时,用一组辊道代替立式矫直机进行矫直。这样的布置方式减少了设备投资,节省了场地。

(2) 全线采取了无横向滑动生产工艺,台架采用步进式或链式台架,可减少轧件表面划伤,确保轧件的表面质量。

(3) 采用步进梁式冷床,采用钢轨预弯工艺,H 型钢和工字钢采用立冷,冷却低温段强制通风冷却,减少钢材表面划伤,钢材冷却均匀,冷后弯曲度小,产品残余应力低。

(4) 钢轨在线检测中心采用激光检测断面尺寸及平直度,涡流探伤、超声波探伤和电磁超声波探伤检测钢轨表面及内部质量，以确保产品质量。

（5）锯钻机床引进于 Linsinger，其采用硬质合金圆冷锯机和碳化物镶嵌件的钻床。大的锯片凸缘直径极大地提高了锯片的稳定性和精度。

（6）钢轨纵向锯钻加工线可生产 25～100m 长的各种定尺钢轨，以满足不同用户的需要，长尺轨收集台架与型钢编组台架共用。

（7）精整线的型钢冷锯引进于西马克，由三台冷锯组成，两台固定冷锯，一台移动冷锯。第一台冷锯切倍尺，后两台冷锯切定尺，可以切 6～19m 之间不同尺寸的型钢。

（8）采用在线长尺冷却、长尺矫直、长尺探伤和检测、冷锯定尺锯切的生产工艺，钢材矫直后平直度好，成材率高。

（9）型钢精整线设有自动堆垛、自动打捆及在线称量设施，可提高生产率和产品包装质量。两处成品台架前各有两台打捆机，其中一台线打捆机，一台带打捆机，以满足不同客户的需求。

10.2.5.3　其他特点

大型线安装有钢轨全长余热淬火线，此设备和技术是从德国西马克公司引进，可以对钢轨进行在线全长淬火。需要淬火的钢轨不进入冷床，直接进入淬火装置，淬火后的钢轨通过淬火返回辊道进入冷床，且经过淬火的钢轨不进行预弯，直接进入冷床冷却。

复习思考题

10-1　型钢是如何分类的，型钢轧机是如何分类的？

10-2　型钢轧机是如何标称的？

10-3　简述你所参观的型钢厂的工艺流程。

10-4　简述你所参观的型钢厂的设备特点。

10-5　型钢万能轧机与板带万能轧机有什么区别？

11 小型 H 型钢生产

11.1 主要产品

中小 H 型钢生产的产品大纲以中小规格 H 型钢为主，根据市场需要，也可以生产少量工槽钢和薄壁轻型小规格 H 型钢。钢坯主要采用两种小规格的异型坯。主要钢种为碳素结构钢、低合金结构钢、低合金钢、桥梁和船体用结构钢、耐候钢。年设计能力 500kt 中，H 型钢为 420kt，其他型钢为 80kt。

主要产品：

（1）薄壁 H 型钢 100mm×50mm～400mm×200mm，腰部和腿部厚度最薄可达 3.2mm；标准 H 型钢 100mm×50mm～400mm×200mm。

（2）槽钢：25～40 号。

（3）工字钢：20～40 号。

产品定尺长度为 6m、12m、18m。

11.2 坯料

采用方坯或近终形异型连铸坯，最大坯重为 6.9t，综合成材率为 95.5%。

方坯断面尺寸为 150mm×150mm，长度为 10.5～12.0m，用来生产槽钢、工字钢。两种异型坯断面尺寸为 430mm×300mm×90mm 和 320mm×220mm×85mm，长度为 7.5～12.0m，用来生产 H 型钢。

11.3 生产工艺

车间平面布置如图 11-1 所示。

生产工艺流程为：

方坯或异型连铸坯→热送→称重→步进梁式加热炉加热→高压水除鳞→5机架粗轧机组连轧→火焰切割机切头→10机架中、精轧机组连轧→在线尺寸测量→飞剪倍尺剪切→步进式冷床水冷→十辊矫直机矫直→成排收集→冷锯切定尺→检查→堆垛→打捆→入库→发货

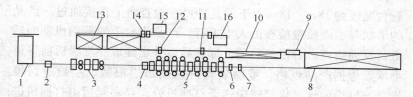

图 11-1　小型 H 型钢生产车间工艺平面布置示意图

1—步进梁式加热炉；2—高压水除鳞机；3—5 机架粗轧机组；4—火焰切割机；
5—10 机架中精轧机组；6—在线测量装置；7—飞剪；8—步进式冷床；
9—十辊悬臂式矫直机；10—成排收集台架；11—1 号冷锯；12—2 号冷锯；
13—检查堆垛台架；14—1 号、2 号打捆机；15—成品存放台 1；16—成品存放台 2

坯料由夹送辊送入 5 机架粗轧机组进行连续式轧制，连轧机的轧制过程为自动进行，并实现微张力轧制。

轧制后钢坯在进入精轧机组前，为使轧件在连轧机中稳定轧制，由火焰切割机切除轧件头部，然后由中精轧机组前夹送辊将轧件送入中精轧机进行连续轧制。轧件经过中精轧机进行最终成型轧制。连轧机的轧制过程为自动进行，并实现微张力轧制。

在精轧机组后，配备了在线激光尺寸测量装置，对轧件进行实时在线尺寸测量，以便操作人员控制轧件的外形尺寸。

轧件由精轧机轧出以后经辊道送往冷床。在轧机与冷床之间设一台曲柄式飞剪对轧件进行分段倍尺剪切。

轧件分段以后被带有升降拨爪的辊道单根地送上冷床。冷床为齿条步进式结构，冷床面积大约为 17.6m×78m，并设有强制水雾喷淋冷却系统，在移动过程中可以根据需要对轧件进行强制水雾冷却，以保证轧件出冷床温度低于 80℃。出冷床时轧件由平移机构单根或双根地从冷床上移送至输出辊道上，并送至矫直

机上进行矫直。经过矫直后的 H 型钢进行成排收集，两台冷锯可以根据产品要求和生产节奏由计算机自动进行锯切设定，自动完成单根或成排锯切成定尺的锯切操作，然后运往 1 号和 2 号成品检查台，1 号成品检查台宽度约 26m，对于 13 ~ 24m 长的轧件单排检查，12m 以下的轧件可在检查台上双排通过。2 号成品检查台宽度约 18m，18m 以下的轧件可在检查台上直接通过。产品的形状与表面质量检查由人工进行，产品由台上的翻钢机翻面后进行反面检查。合格产品贴上标签后，并送往成品堆垛机前等待堆垛。根据产品规格，堆垛装置可以按每层根数、层数进行堆垛。堆好垛的成品垛经辊道送至打捆机处，经夹紧后由打捆机进行打捆。成品钢材打捆后被输送至 1 号、2 号成品存放台，由电磁吊吊运至成品库框架内存放。

11.4 主要工艺特点

11.4.1 采用近终形异型坯轧制 H 型钢

采用近终形异型坯轧制 H 型钢具有以下 4 个主要优点：一是开坯道次明显减少，生产节奏加快；二是由于轧制时间缩短，所以轧件温降小，一般可使轧件温降减少 100℃；三是能使轧制力降低 30%，轧制能耗减少 20%；四是能提高综合成材率。

11.4.2 全连续轧制

整个轧制线由 15 架无牌坊轧机组成，其中粗轧机组 5 架、中精轧机组 10 架，布置在 5.5m 高的平台上，采用全连续轧制工艺，快速更换机架系统，主传动全部采用交流变频调速数字控制系统。

万能轧机轧辊辊身长度短，轧辊挠度小，可获得良好的产品尺寸公差。精轧机架间采用微张力控制，而且轧机具有较大的生产能力。设置了计算机 3 级自动控制系统，用来完成物料跟踪、工艺参数和轧辊参数设定及生产计划管理等工作，生产效率和自

动化水平高，操作控制简捷，是我国第一条具有世界先进水平的
中小型 H 型钢全连续轧制生产线。

11.4.3 步进式冷床水冷

经 15 架粗、中、精轧机组全连续轧制后，轧件终轧温度较
高，经异型飞剪切头尾及倍尺后进入步进式冷床冷却。冷床设有
强制水雾喷淋冷却系统，根据需要对轧件进行水雾喷淋强化冷
却，下冷床温度低于 80℃。为提高轧件冷却质量和矫直质量，
轧件在冷床上采用长尺冷却方式，最大长度为 78m。

11.4.4 在线尺寸测量

为了提高所轧 H 型钢产品的外形尺寸精度，降低轧废率，
在精轧机出口侧、飞剪之前设置了在线尺寸测量仪，对轧件进行
在线测量。测量精度为 ±（0.0025~0.1000） mm，取样频率为
30 次/s。轧件最高温度为 1100℃，冷却水流量为 6m³/h，压力
为 0.4MPa。压缩空气流量为 90m³/h，压力为 0.6MPa。

在线型钢断面尺寸测量仪的应用，减少了红检取样时间，降
低了红检工劳动强度。提高轧机有效作业率。

11.5 主要设备

11.5.1 步进式加热炉

加热炉为步进梁式炉，端进侧出，有效长度为 24.6m，有效
宽度为 12.8m，冷坯时加热能力为 140t/h，热坯时为 160t/h，热
装温度为 550℃ 左右，热装率为 60%~80%，加热温度为
1250℃，燃料为高、焦炉混合煤气。

11.5.2 粗轧和中、精轧机组

5 机架粗轧机组轧机呈 1H-2V-3H-4H-5V 平立交替布
置，其中 2V、5V 立式轧机具有轧边和控制轧件宽度作用，只用

3 种坯料即能生产出多种规格产品。粗轧入口速度不大于 0.5m/s，出口速度不大于 2.0m/s。

中精轧机组由 1 架水平二辊轧机、2 架轧边机、7 架万能轧机交叉排列组成，其中第 6 架轧机为水平二辊轧机，第 7 架、8 架、9 架、10 架、12 架、13 架、15 架为四辊万能轧机，第 11 架、14 架为轧边机，轧机全为无牌坊式，整机架吊装上线。第 6 架二辊水平轧机用来控制腰部和腿部之间的延伸率；第 11 架、14 架水平轧机用来精确控制腿部的腿端形状和尺寸；其他 7 架万能轧机可重新装配成二辊水平轧机，用来生产槽钢、工字钢等。中、精轧入口速度不大于 1.0m/s，出口速度不大于 5.0m/s。

粗轧机组和中、精轧机组之间运输辊道长 62m，设有保温罩以减少轧件温降、缩小头尾温差。中、精轧机组前设有火焰切割机，用来切除轧件的头、尾端"舌头"，或作紧急事故碎断。轧机换辊为整机架更换，新机架在换辊间完成组装，包括机架装配、轧辊位置调整、导卫安装及调整、零位压靠与辊缝值设定。换机架时间约为 20min。粗、中、精轧机主要技术参数见表 11-1。

表 11-1 轧机主要技术参数

机架号	轧机型号	轧辊尺寸/mm			主 电 机	
		最大直径（水平辊/立辊）	最小直径（水平辊/立辊）	轴身长（水平辊/立辊）	形式	额定功率/kW
1H	DOM8565	φ1150	φ770	1200	AC	1300
2V	DVM9555	φ840	φ630	1100	AC	600
3H	DOM8565	φ1150	φ770	1200	AC	1300
4H	DOM8565	φ1150	φ770	1200	AC	1200
5V	DVM9555	φ840	φ630	1100	AC	600
6H	DOM8565	φ1150	φ770	1200	AC	1200
7H/U	DUN9555	φ970/φ650	φ850/φ580	460/230	AC	1300
8H/U	DUN9555	φ970/φ650	φ850/φ580	460/230	AC	1300
9H/U	DUN9555	φ970/φ650	φ850/φ580	460/230	AC	1200
10H/U	DUN9555	φ970/φ650	φ850/φ580	460/230	AC	1200
11H	DOM9555	φ980/φ940	φ720	1100	AC	600
12H/U	DUN9555	φ970/φ650	φ850/φ580	460/230	AC	1300

机架号	轧机型号	轧辊尺寸/mm			主 电 机	
		最大直径（水平辊/立辊）	最小直径（水平辊/立辊）	轴身长（水平辊/立辊）	形式	额定功率/kW
13H/U	DUN9555	$\phi970/\phi650$	$\phi850/\phi580$	460/230	AC	1200
14H	DOM9555	$\phi980/\phi940$	$\phi720$	1100	AC	600
15H/U	DUN9555	$\phi970/\phi650$	$\phi850/\phi580$	460/230	AC	1500

11.5.3　步进式冷床

步进式冷床面积约为 $17.6m \times 78.0m$，轧件一般呈 I 形进行空冷，冷至80℃以下，当空冷不能满足冷却要求时，打开冷却水装置进行水雾喷淋强化冷却。

11.5.4　十辊悬臂式矫直机

十辊悬臂式矫直机上面的 2 号、4 号、6 号、8 号、10 号辊不传动，为升降调整；下面的 1 号、3 号、5 号、7 号、9 号辊由一台 400kW 变频调速交流电机传动，可正反转，辊间距为900mm，辊子中心距离最大为1000mm，最小为600mm。矫直辊为组合式，电动轴向调整，调整范围为 ±15mm。具有快速换辊功能，更换时间约为 25min 左右。

11.5.5　冷锯机组

两台 SDD2000 固定式冷锯用于将单根或成排轧件锯切成用户所需定尺长度。锯片最大直径为 $\phi2000mm$，锯片厚度为13mm，最大锯切速度为 80mm/s，锯切最大长度为 24m。

复习思考题

11-1　你所参观的车间采用什么样的轧机，轧机如何布置？

11-2　你所参观的车间有哪些产品？

11-3　简述你所参观的车间的工艺流程。

12 棒、线材生产

12.1 棒、线材的种类和用途

棒材是一种简单断面型材，一般是以直条状交货。棒材按断面形状分为圆形、方形和六角形以及建筑用螺纹钢筋等几种，后者是周期断面型材，有时被称为带肋钢筋。线材是热轧产品中断面面积最小，长度最长而且呈盘卷状交货的产品。线材按断面形状分为圆形、方形、六角形和异型。棒、线材的断面形状最常见的还是圆形。

国外通常认为，棒材的断面直径是 9~300mm，线材的断面直径是 5~40mm，呈盘卷状交货的产品最大断面直径规格为40mm。国内在生产时约定俗成地认为：棒材车间的产品范围是断面直径为 10~50mm，线材车间的产品断面直径为 5~10mm。

棒、线材的用途非常广泛，除建筑螺纹钢筋和线材等可直接被应用的成品之外，一般都要经过深加工才能制成成品。深加工的方式有热锻、温锻、冷锻、拉拔、挤压、回转成型和切削等，为了便于进行这些深加工，加工之前需要进行退火、酸洗等处理。加工后为保证使用时的机械性能，还要进行淬火、正火或渗碳等热处理。有些产品还要进行镀层、喷漆、涂层等表面处理。

12.2 棒、线材生产工艺

12.2.1 坯料

棒、线材的坯料一般以连铸坯为主，某些特殊钢种有使用初轧坯的。生产棒、线材的坯料断面形状一般为方形，边长 120~150mm，长度一般较长，最长达 22m。

采用连铸坯热装炉或直接轧制工艺时，必须保证无缺陷高温铸坯的生产。对于有缺陷的铸坯，可进行在线热检测和热清理，或通过检测将其剔除，形成落地冷坯，进行人工清理后，再进入常规工艺轧制生产。

12.2.2 加热

在现代化的轧制生产中，棒、线材的轧制速度很高，轧制中的温降较小甚至还出现升温，故一般棒、线轧制的加热温度较低。加热要严防过热和过烧，要尽量减少氧化铁皮。对易脱碳的钢种，要严格控制高温段的停留时间，采取低温、快热、快烧等措施。对于现代化的棒、线材生产，一般是用步进式加热炉加热，由于坯料较长，炉子较宽，为保证尾部温度，采用侧进侧出的方式。为适应热装热送和连铸直轧，有的生产厂采用电感应加热、电阻加热以及无氧化加热等。

12.2.3 轧制

轧制的工艺流程如下：

冷坯加热 ——→ 粗轧→中轧→（预精轧）→精轧→冷却→精整
连铸坯热装加热——↑　　　　　　（线材）

为提高生产效率和经济效益，适合棒、线材的轧制方式是连轧，尤其在采用 CC－DHCR 或 CC－HDR 工艺时，就更是如此。连轧时一根坯料同时在多机架中轧制，在孔型设计和轧制规程设定时要遵守各机架间金属秒流量相等的原则。在棒、线材轧制的过程中，前后孔型应该交替地压下轧件的高向和宽向，这样才能由大断面的坯料得到小断面的棒、线材。轧辊轴线全平布置的连轧机在轧制中将会出现前后机架间轧件扭转的问题，扭转将带来轧件表面易被扭转导卫划伤，轧制不稳定等问题。为避免轧件在前后机架间的扭转，较先进的棒材轧机，其轧辊轴线是平、立交替布置的，这种轧机由于需要上传动或者是下传动，故投资明显大于全平布置的轧机。生产轧制道次多，而且连轧，一架轧机只轧制一个道次，故棒、线材车间的轧机架数多。现代化的棒材车间机架数一般多于 18 架。线材车间的机架数为 21~28 架。

为了细化晶粒，减少深加工时的退火和调质等工序，提高产品的机械性能，采用控制轧制和低温精轧等措施，有时在精轧机组前设置水冷设备。

12. 2. 4　棒、线材冷却和精整

（1）棒材一般的冷却和精整工艺流程如下：

精轧→飞剪→控制冷却→冷床→定尺切断→检查→包装
　　　　　　（余热淬火）　　　　　　　　（探伤）

由于棒材轧制时轧件出精轧机的温度较高，对优质钢材，为保证产品质量，要进行控制冷却，冷却介质有风、水雾等等。即使是一般建筑用钢材，冷床也需要较大的冷却能力。

有一些棒材轧机在轧件进入冷床前对建筑用钢筋进行余热淬火。余热淬火轧件的外表面具有很高的强度，内部具有很好的塑性和韧性，建筑钢筋的平均屈服强度可提高约 1/3。

（2）线材一般的精整工艺流程如下：

精轧→吐丝机→散卷控制冷却→集卷→检查→包装

线材精轧后的温度很高，为保证产品质量要进行散卷控制冷却，根据产品的用途有珠光体型控制冷却和马氏体型控制冷却。

12. 3　某国产棒材连轧生产线

12. 3. 1　概述

此套轧制线于 1997 年 1 月投产，为全国产化棒材连轧生产线。轧机布置采用 7 架粗轧机、6 架中轧机、6 架精轧机，轧机的主要参数为 $\phi 550mm \times 4 + \phi 450mm \times 3 + \phi 400mm \times 2 + \phi 350mm \times 4 + \phi 320mm \times 6$。粗、中轧机组为水平布置，精轧机组为平立交替布置，实现无扭轧制。坯料主要为 150mm × 150mm 连铸方坯，设计年产量为 300kt，产品规格为 $\phi 12 ~ 32mm$ 圆钢和螺纹钢，目前年生产能力为 380kt，产品规格以 $\phi 12 ~ 18mm$ 为主。钢

种包括碳素结构钢、优质碳素结构钢和低合金钢等。

12.3.2 生产工艺流程

连铸方坯经汽车热送至原料跨，验收合格后，经天车吊送到布料机上，再经装炉辊道运到炉后，由推钢机从炉尾装入三段推钢式加热炉。在加热炉内加热到1150℃左右，连铸方坯从炉内由出钢机侧向推出，经出炉辊道送入第一架粗轧机。

轧机均为二辊轧机，单独传动，闭口式牌坊用厚钢板切割、焊接而成，弹性胶体轧辊平衡装置，液压/手动压下调整，通过液压横移整机座或辊系来实现更换孔型或轧辊。

7架后设1号曲柄式飞剪，用于切头及碎断，最大剪切断面4225mm²；13架后设2号回转式飞剪，用于切头（尾）及碎断，最大剪切断面2100mm²。

精轧机组设有5个立式活套器，以实现无张力轧制，确保成品的尺寸精度。

成品出精轧机组后，经3号曲柄—回转式飞剪剪成倍尺，由变频辊道、跳钢机卸在步进齿条式冷床上，冷却至500℃以下，经对齐辊道对齐，移钢装置移到冷床输出辊道上，经160t冷剪剪切成6～12m的定尺成品，在检验台架分拣、人工计数，在料筐中打捆、称重、挂牌标识后送入成品库。

棒材生产线的工艺平面布置图，如图12-1所示。

12.3.3 轧钢

12.3.3.1 连轧原则

一根轧件同时在两架以上轧机上进行轧制，并保持在单位时间内通过各架轧机的轧件体积相等，称为连轧。

连续轧制时，随着轧件断面的减小，其轧制速度递增，要保持正常的轧制条件就必须遵守轧件在轧制线上每一机架的秒流量保持相等的原则。其关系式：

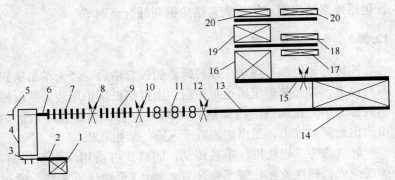

图 12-1 棒材连轧工艺平面布置图

1—上料台架；2—装炉辊道；3—推钢机；4—加热炉；5—出钢轨；6—出炉辊道；
7—粗轧机组；8—1 号飞剪；9—中轧机组；10—2 号飞剪；11—精轧机组；
12—3 号飞剪；13—变频辊道；14—冷床；15—冷剪；16—检验台架；
17—非定尺料筐；18—废品料筐；19—小链床；20—定尺料筐

$$F_n V_n = C$$

式中　　F_n——轧件通过各机架时的轧件断面面积；

　　　　V_n——轧件通过各机架时的轧制速度；

　　　　C——连轧常数。

在实际生产过程中，由于轧件温度、孔型磨损等影响，引起轧件面积的变化；由于轧件与轧辊之间的滑动，即前滑和后滑，会引起轧件速度的变化，这样一来连轧常数就发生改变，从而产生拉钢或堆钢现象。

连轧过程中，为了维持平衡关系，在控制系统中设置了微张力控制和活套调节功能。

微张力控制和活套调节都属于张力控制的范围。微张力控制一般用在轧件断面大、机架间距小、不易形成活套的机架之间，如粗轧和中轧机组等；而活套调节则是用在轧件断面小、易于形成活套的机架之间，如在精轧机组。

12.3.3.2　孔型系统

采用何种孔型系统，要根据具体的轧制条件，包括坯料形状、尺寸、轧制产品、钢种、轧机形式、电机能力、辅助设备、轧辊直径、技术装备水平等来确定。

A 箱型孔型系统

它主要运用于棒材轧机的粗轧。其特点有共用性好，变形均匀，氧化铁皮易脱落，轧槽切入深度较浅，但是轧件的断面不够规整，侧面不易平直，甚至出现皱纹。

箱型孔型中的延伸系数一般为 1.15~1.6。本粗轧机的第一道次就使用了箱型孔型。

B 椭圆-圆孔型系统

它用于棒材轧机的中精轧孔型，特别适合于连轧机组的精轧孔型。其特点是：变形均匀；有利于去除氧化铁皮，使轧件具有光滑的表面；几何形状好，尺寸波动小；但是延伸系数小，椭圆轧件在圆孔型中轧制不稳定，因而对导卫装置设计和安装要求严格；圆孔型要求来料尺寸波动小，调整要求严格。

椭圆-圆孔型系统的延伸系数一般不超过 1.3~1.4。轧件在椭圆孔型中的延伸系数为 1.2~1.6，轧件在圆孔型中的延伸系数为 1.2~1.4。本厂的所有品种，在粗轧机的后六架、中轧机组、精轧机组全部采用了这一孔型系统。

C 切分孔型系统

切分轧制就是在轧制过程中把一根轧件利用孔型的作用，轧成具有两个或两个以上相同形状的并联轧件，再利用切分设备或轧辊的辊环将并联轧件沿纵向切分成两个或两个以上的单根轧件。这些切分后的轧件有的直接作为成品，有的则作为中间坯料继续在线同时进行轧制。

切分轧制的切分方法有两大类：辊切法和切分轮切分法。切分孔型系统包括预切分孔型和切分孔型。切分孔型设计的原则是：要有利于轧件切开和轧制的稳定，故要求轧件在孔型中变形时，既能产生使轧件分开的水平分力，又能使孔型的侧壁不限制或不严重限制中间部分向左右方向流动，同时切分后的轧件能较好地满足后续道次对形状和尺寸的要求。

D　本厂使用的孔型系统

在粗轧时孔型共用，在中轧时 φ14 以上孔型共用，只有精轧孔型和 φ12mm 的中、精轧孔型尺寸相应变化。对于规格、尺寸在一定范围内的产品，孔型在精轧仍有较高的共用性。这样既简化了生产工艺，又降低了备用轧辊数量，提高了生产效率和经济效益。本厂使用孔型系统见表 12-1。

表 12-1　孔型系统

机架号	φ12	φ14	φ16	φ20	φ22	2×φ14 螺
1	箱	箱	箱	箱	箱	箱
2	平椭	平椭	平椭	平椭	平椭	平椭
3	圆	圆	圆	圆	圆	圆
4	平椭	平椭	平椭	平椭	平椭	平椭
5	圆	圆	圆	圆	圆	圆
6	平椭	平椭	平椭	平椭	平椭	平椭
7	圆	圆	圆	圆	圆	圆
8	平椭	平椭	平椭	平椭	平椭	平椭
9	圆	圆	圆	圆	圆	圆
10	平椭	平椭	平椭	平椭	平椭	平椭
11	圆	圆	圆	圆	圆	圆
12	平椭	单椭	单椭	单椭	/	平椭
13	圆	圆	圆	圆		立轧
14	单椭	单椭	/	单椭		/
15	圆	圆	/	圆	/	预切分
16	单椭	单椭	单椭	单椭	单椭	切分
17	圆	圆	圆	圆螺	圆	/
18	单椭	单椭	单椭	/	单椭	2×单椭
19	圆螺	圆螺	圆螺	/	圆螺	2×圆螺

注：/表示空过。

12.3.3.3 导卫

导卫的最基本作用是引导轧件通过轧机，通过这种方式来保证轧件不会偏离轧制线。棒材轧机使用的导卫主要有滑动导卫、滚动导卫等。因为它们所起的作用不同，各机架使用的导卫也不同。棒材轧机各机架使用的导卫，如表12-2所示。

表12-2 棒材轧机各机架使用的导卫

机架号	导卫类型		机架号	导卫类型	
	进 口	出 口		进 口	出 口
1H	滑动导板	滑动导卫	11H	滚动导卫	滑动导卫
2H	滑动导板	滚动扭转	12H	滑动导板	滚动扭转
3H	滑动导板	滑动导卫	13H	滚动导卫	滑动导卫
4H	滑动导板	滚动扭转	14H	滑动导板	滑动导卫
5H	滑动导板	滑动导卫	15V	滚动导卫	滑动导卫
6H	滑动导板	滚动扭转	16H	滑动导板	滑动导卫
7H	滑动导板	滑动导卫	17V	滚动导卫	滑动导卫
8H	滑动导板	滚动扭转	18H	滑动导板	滑动导卫
9H	滑动导板	滑动导卫	19V	滚动导卫	滑动导卫
10H	滑动导板	滚动扭转			

A 进口导卫

进口导卫的作用是诱导轧件正确进入轧辊孔型，扶持轧件在孔型中进行连续稳定变形，以得到所要求的几何形状和尺寸。进口导卫分为滑动进口导卫和滚动进口导卫。

a 滑动进口导卫

滑动进口导卫多用于轧件进入孔型中变形比较稳定的轧制，如圆形、方形轧件进入椭圆孔型的轧制；或轧件断面尺寸比较大、轧制速度比较低的道次，如粗轧机组和中轧机组前几道次的椭圆轧件进入圆形孔型或方形孔型的轧制。

b 滚动进口导卫

滚动进口导卫多用于诱导椭圆轧件进入圆或方孔型等变形不稳定、轧制速度较高的中、精轧机组，以保证椭圆轧件以直立状态进入圆或方孔型中轧制，并有利于轧件咬入。

B 出口导卫

出口导卫的作用是将轧件顺利地由孔型中导出，防止轧件缠辊，控制或强制轧件按照一定的方向运动。出口导卫也分为滑动出口导卫和滚动出口导卫两种形式。当粗、中轧机组的轧辊均水平布置，轧件需扭转90°才能进入下一道次轧制时，在轧机的出口处需设置扭转导卫。在连续式棒材轧机生产线上，为提高出口扭转导卫的寿命，避免轧件表面刮伤，减少事故，降低由于扭转轧件所消耗的能量，往往采用滚动扭转导卫代替滑动扭转导卫。

在粗轧机组选择了多线式的滚动扭转导卫，在中轧机组采用单体滚动扭转导卫。

在使用扭转导卫时，其关键是决定扭转导卫上的扭转辊相对于轧件扭转的角度。角度的计算方法如下：

$$\beta = a \times l / (L - l')$$

式中 β——扭转辊相对于轧件扭转的角度；

l——扭转辊到该轧机中心线的距离；

a——轧件进入下一机架需要扭转的角度；

L——两机架间的距离；

l'——下一机架进口导卫到下一机架轴线间距。

扭转角度与扭转辊辊缝相关。当需要改变扭转角度时，则可调整扭转辊的辊缝。减少辊缝可使扭转角度增大，反之减小。在使用中要随时注意扭转辊处的水冷和润滑情况，并观察扭转辊的磨损程度，辊缝值的大小。

C 导卫的水冷和润滑

为减少导卫的故障，延长其使用寿命，除精心设计、精心调整维护外，在工作中进行合理的冷却与润滑也是十分重要的。否则通过轧件传给导卫的热量不仅会导致导卫工作部位的开裂和断裂，而且导轮的轴承也会因过热而很快失效或被烧死。

导卫的冷却多采用压力在 0.6MPa 以上的水进行冷却，冷却部位是轧件与导卫经常接触的位置，如进口导卫的预导板、导轮；出口扭转辊的辊面等。

由于导卫的形式和安装位置不同，润滑方式也不同。滑动导卫不采用润滑；滚动导卫轴承则必须采取人工或专门的润滑。

12.3.4 剪切机

横向剪切运行中轧件的剪切机称为飞剪机，简称飞剪。飞剪剪切时，剪刃刃口在轧件运行方向的瞬时速度 v 应略大于轧件速度 v_0，即 $v = (1 \sim 1.03) v_0$。如果 $v < v_0$，剪刃将阻碍轧件运动而使轧件弯曲，甚至产生缠刀事故；如果 v 比 v_0 大的多，将使轧件产生较大的拉应力，即影响剪切质量，也增加飞剪的冲击负荷，严重时还会使轧件与轧辊辊面打滑而损伤轧件表面。

连轧线共安装 3 台飞剪，1 号、2 号、3 号飞剪分别位于 7 号、13 号和 19 号轧机之后。

1 号飞剪为离合式曲柄飞剪，低速，剪切力大，用于在线的切头、切尾及事故碎断。该设备主要由电机、联轴器、飞剪本体、离合器和制动器构成。飞剪本体由输入齿轮轴，飞轮，离合器轴及离合器，上、下剪轴和剪切机构组成，制动器装在上剪轴上。

工作时，电机、输入齿轮轴及飞轮、离合器齿轮及离合器是常转的，其他各齿轮轴暂时处于静止状态。剪切时，由电控信号控制电磁阀，利用压缩空气合上离合器、打开制动器，此时离合器驱动离合器轴，再传动上、下剪轴转动实现剪切，剪切完毕由电磁阀控制打开离合器，合上制动器，使剪臂停止，完成一次剪切周期。

2 号飞剪为启/停式飞剪（电机启/停），其特点是高速，剪切力大。用于切头、切尾及事故碎断。该设备主要由电机、联轴器和飞剪本体组成。

3 号飞剪为启/停式飞剪（电机启/停），主要用于成品的倍尺剪切。该设备主要由电机、联轴器和飞剪本体组成。在飞剪本体外侧的高速轴和曲柄上，还分别安装有飞轮和连杆，供剪切大规格产品（$\phi25\sim32mm$）时使用，飞轮通过手动方式进行耦合。

12.3.5 冷床

冷床为锯齿形步进式冷床，主要由下列部件组成：制动裙板、矫直板、固定齿条、活动齿条和活动齿条传动装置、对齐辊道、移钢装置。冷床的作用是对经 3 号飞剪剪切后的高温倍尺钢材进行冷却。

12.3.6 冷剪

冷剪是对从冷床下来的轧件进行定尺剪切和切头的设备。

冷剪由顶部电机，经过弹性联轴器带动一级齿轮减速机和套在曲轴上的大齿轮及固定在齿轮上的右半个离合器进行空转，当剪机开始工作时，则制动装置的滚轮被电磁铁吸下，此时用滑键装在曲轴上的左半个离合器被弹簧向右推移而使之和右半个离合器相结合，因而带动曲轴旋转，在曲轴右端装的剪头便获得上下直线运动。固定在剪头上的上剪刃随剪头作上、下直线运动，下剪刃是固定在机架上不动的，当上剪刃下落时，便实现了对钢材的剪切。当剪切完毕，便有控制器自动操纵，使电磁铁断电，制动装置的滚轮在弹簧的作用下被拉上移使离合器脱开，曲轴停止转动，剪头在平衡弹簧的作用下而恢复至原始最高位置，冷剪就这样循环往复实现着它剪切定尺和切头的任务。

12.4 某新建棒材生产线

12.4.1 生产规模及产品方案

棒材生产线设计生产能力为 800kt/a，主要生产 $\phi16\sim90mm$

的机械用优特品种钢棒材和 φ12～40mm 的建筑用钢（如 HRB400、HRB500 等），钢种主要有建筑用钢、优碳钢、合金结构钢、弹簧钢、轴承钢、冷镦钢等。

小棒产品定尺长度 6～15m，以直条成捆状态交货，捆重 2～5t。

12.4.2　工艺流程

小棒生产工艺过程包括原料准备、加热、轧制、控制冷却及精整等工序，整个流程为连续自动化生产。

由连铸供给的合格钢坯，经热送辊道或平车运入原料跨内。热送辊道上的热坯经热坯提升机提升至位于标高 +5.1m 高架平台上的钢坯上料台架上，冷坯可经吊车成排吊运至钢坯上料台架；根据生产指令，钢坯被逐根输出到辊道上。

经称重、测长及再次检查后，不合格钢坯剔出至废料收集槽内，合格钢坯送入步进式加热炉进行加热。

钢坯在加热炉内加热至要求温度，由炉内出炉辊道逐根送出炉外，经炉后辊道输送及高压水除鳞后，由夹送辊喂入轧机轧制。

轧线设备均布置在 +5.1m 高架平台上，轧制中心线标高为 +5.8m。

轧机由 6 架粗轧、4 架一中轧、4 架二中轧、6 架精轧、3 架定减径机组共 23 架轧机组成，为 Pomini 机型短应力线轧机，全线轧机平立交替布置。其中 16 号、18 号和 20 号轧机为平立可转换轧机。当采用断面为 200mm×200mm 方坯时，粗轧 6 架全部参与轧制，当采用断面为 150mm×150mm 方坯时，粗轧后 4 架参与轧制。产品品种规格不同，钢坯断面大小、轧制道次和使用的机架也不同。

为使轧制顺利进行，减少事故和事故处理时间，在一中轧、二中轧、精轧机及定减径机组前均设有切头尾、碎断飞剪，在定减径机组后设有倍尺飞剪，将轧件剪切成倍尺上冷床。

　　为获得良好的产品尺寸精度，在粗轧机组、一中轧机组的轧机间采用微张力轧制，在二中轧、精轧机组及定减径机组的机架间采用立活套装置实现无张力轧制。采用 3 机架进口二辊定减径机组，轧机刚性好，强度高，适合低温轧制，从而可以保证生产高尺寸精度的机械用棒材。

　　为使产品获得良好的金相组织和机械性能，提高强度等级，在定减径机组前、后均设有水冷控温装置对轧件进行在线温度控制，实现控轧控冷的工艺要求，生产建筑用螺纹钢时通过余热淬火等工艺技术措施以提高钢材的强度等级。

　　定减径机组轧出的成品轧件由倍尺飞剪前夹送辊夹持送入倍尺飞剪，剪切成适应冷床长度的倍尺长度。分段后的倍尺轧件由冷床输入辊道和液压驱动的制动拨料装置送到步进式冷床的齿槽内，轧件在拨料装置拨送过程中，依靠轧件与制动块之间的滑动摩擦制动停止。轧件在矫直板段渡过高温阶段后，被送至冷床的齿条段上进行冷却。轧件在冷床上边冷却边步进前进，在齿条末段用对齐辊道将轧件尾端对齐，然后再由动齿条送到冷床末端的步进链条装置上，步进链按不同的成品规格以不同的步距步进动作，形成不堆叠的密排钢材。当步进链上收集的轧件根数达到定尺飞剪剪切根数时，设置在步进链下方的卸钢小车升起，托起链条上的成排钢材，将其平移至冷床输出辊道上。在冷床输出辊道上的成组轧件，由辊道送至冷床后布置的定尺冷剪处，将成组轧件剪切成成品定尺长度。剪切后的定尺钢材及非定尺材由剪后运输辊道输送至过跨检查台架前。成排短尺废品直接通过剔废装置剔除到短尺材收集槽内；夹杂有非定尺材的成排轧件经电磁吸钢装置及辊道将非定尺材继续送往短尺料输送辊道处收集。成排定尺材在升降挡板处对齐后停止，然后快速移钢装置将钢材层由辊道移送至过跨检查台架上。过跨检查台架上的定尺钢材由四段链运送，同时在台架上完成钢材的人工检查和定尺材收集等操作，在四段链上布置有自动计数装置。最后轧件通过过跨检查台架尾端的滑道落入输出辊道上；输出辊道将钢材送往打捆机，由自动打捆机打捆；打捆后的成捆棒材由辊道送至成品收集台架前，经称重、复检计数后，由辊道下方的升降运输链升起将棒捆移送到成品收集台架上，然后挂牌、吊运入库。

小棒车间离线精整部分设置有退火炉、缓冷坑、人工修磨线、连续精整线（含抛丸、矫直、倒棱、探伤）等精整设备对有不同质量要求的小棒进行精整。

棒材车间工艺流程如图 12-2 所示。

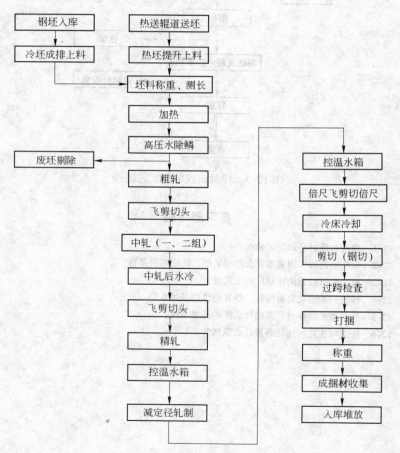

图 12-2　棒材车间工艺流程图

棒材离线精整工艺流程如图 12-3 所示。

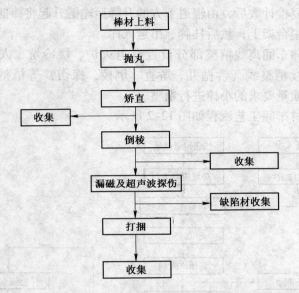

图 12-3　棒材离线精整工艺流程

复习思考题

12-1　棒材和线材是如何区分的?

12-2　你所参观的车间采用什么样的轧机,轧机如何布置?

12-3　简述你所参观的棒材厂的工艺流程。

12-4　棒材厂采用几架剪切机,各自的作用是什么?

12-5　你所参观的棒材厂采用什么样的孔型系统?

12-6　什么叫连轧,连轧遵循什么原则?

13　高速线材生产

13.1　某高速线材厂生产介绍

13.1.1　概况

  某高速线材厂于 1987 年投产，这条生产线为单线生产，由英国阿希洛公司技术总负责，武汉钢铁设计研究院进行联络，设计年产量 180kt，保证速度为 75m/s，采用 120mm × 120mm × 5.5m 方坯，经 24 道次轧制，盘重 600kg。产品规格为 φ5.5 ~ 12.5mm 盘圆，钢种为碳素结构钢、优质碳素结构钢、65 号制绳钢丝用钢、低合金钢等。为节省投资，只引进了关键设备，如精轧机组、夹送辊、吐丝机和关键技术如孔型设计、轧制程序、控冷程序等，其余部分由国内配套。该生产线 1992 年达产。1998 年后达到年产 300kt 以上。2001 年底进行了 150mm × 150mm 方坯改造，现在已具备年产 350kt 的生产能力。

  现将这条生产线几个主要区域的变化情况简介如下：

  (1) 加热炉区域：

  1) 原料。原设计采用 120mm × 120mm × 5.5m 连铸坯。现采用 150mm × 150mm × 6m 连铸方坯为主。

  2) 加热炉原设计为三段步进底式加热炉、设计能力为 60t/h，2001 年底改为三段步进蓄热式加热炉，设计能力为 75t/h。

  3) 加热炉燃料原设计为焦油（或重油），1994 年改为烧煤气。

  (2) 轧机区域。轧机原设计为 24 道次，即 φ500mm × 2/ φ400mm × 2/φ400mm × 4/φ350mm × 4/φ300mm × 2/φ210mm × 10，2001 年底改为 27 道次，即 φ600mm × 1/φ500mm × 4/φ400mm × 4/ φ350mm × 4/φ300mm × 4/φ210mm × 10，粗轧机前增加 1 架

ϕ600mm 轧机,中轧由原来的 6 架平辊轧机改为 8 架平立交替轧机,并增加 3 个立活套。即全线出原来的 1 个立活套变为现在的 4 个立活套和 1 个侧活套。精轧机为引进的阿希洛型 10 架 45°无扭高速线材轧机,现全部国产化。

(3)控冷部分。原为四段水冷和 60m 散卷风冷。现变为五段水冷和 90m 散卷风冷。

(4)精整部分。原设计为集卷后盘卷运送、炮杆收集、叉车卸卷、码垛入库。2001 年底改为 PF 线收集整理。

(5)产品的变化。由原来的 600kg 盘重变为 1t 盘重。产品精度均为 B、C 级,内在质量深受用户好评。产品规格已增至 ϕ13.5mm,成功开发了 ϕ6.0mm、ϕ8.0mm、ϕ10.0mm、ϕ12.0mm 的三级螺纹钢筋。钢种方面已形成软线(如 H08、Q195 等)、硬线(如中碳、高碳)和普碳三大系列产品。

13.1.2 生产工艺流程

生产工艺流程如下:

(1)钢坯入炉。由天车将原料吊至上料台架上,由上料台架运送至上料辊道,由上料辊道输送到入炉辊道装炉加热,由推钢机推入炉内进行加热。

(2)钢坯加热。被推入炉内的钢坯经过加热炉预热、加热、均热过程,将钢坯温度加热到 1150 ±50℃。

(3)钢坯出炉。加热后钢坯由炉内出炉辊道输送至粗轧机组。

(4)粗轧机组。粗轧机组有 9 架轧机,孔型系统为箱 - 变形椭圆 - 圆 - 椭圆 - 圆 - 椭圆 - 圆 - 椭圆 - 圆,经过 9 道次轧制,轧件断面由 150mm × 150mm 方坯轧制成断面为 52mm × 52mm;当断面为 120mm × 120mm 方坯时,经过 6 道次轧制,轧件断面由 120mm × 120mm 方坯轧制成断面为 52mm × 52mm,1、6、7 道次空过,后部工序与轧制 150mm × 150mm 方坯共用。

（5）1 号飞剪。轧件经 1 号飞剪切头后进入中轧机组。

（6）中轧机组。中轧机组由 4 架轧机组成，孔型系统为椭圆 – 圆 – 椭圆 – 圆，经 4 道次轧制，轧制断面由 52mm × 52mm 轧制成 29mm × 29mm 轧件。

（7）预精轧机组。预精轧机组由四架轧机和四个立活套组成。孔型系统为椭圆 – 圆 – 椭圆 – 圆，经过 4 道次轧制，轧制断面由 29mm × 29mm 轧制成 18.5mm × 18.5mm 轧件。

（8）2 号飞剪。轧件经 2 号飞剪切头后进入精轧机组。

（9）精轧机组。轧件经精轧机组前侧活套进入精轧机组。精轧机组为英国引进十架顶交 45°高速无扭轧机。孔型系统为椭圆-圆孔型系统，共 10 道次，轧制 $\phi 5.5 mm$ 和 $\phi 6.5 mm$ 产品时，10 道次全用；轧制 $\phi 8.0 mm$ 产品时，用 8 道次；轧制 $\phi 10.0 mm$ 产品时，用 6 道次；轧制 $\phi 12.0 mm$ 产品时，用 4 道次。

（10）吐丝机。使轧件成为松散的螺旋形，把他们以重叠形式平放在位于盘卷冷却运输机入口端。

（11）控制冷却线。控制冷却线包括水冷段和散卷运输机，水冷段共有 5 段，每段水压为 0.4MPa；散卷运输机为斯泰尔摩风冷线；控冷参数根据所生产品种的工艺要求而确定。

（12）集卷。集卷筒为单芯轴集卷，轧件落入集卷筒收集成盘推到钩冷运输线的 C 形钩上。

（13）钩冷运输线。成卷后的盘条通过钩冷运输线运送到各工位，完成打捆、称量、挂牌、卸卷等一系列处理工艺，最后由天车吊至成品库码放整齐。

13.1.3 部分设备介绍

13.1.3.1 夹送辊

夹送辊主要承受来自精轧后的轧件使之进入吐丝机而完成吐丝。夹送辊名义直径 $\phi 300 mm$，辊径范围 $\phi 295 \sim 305 mm$，轧件直

径 $\phi 5.5 \sim 12.5$ mm。

13.1.3.2 吐丝机

吐丝机接收来自夹送辊的轧件，并使之成为松散的螺旋形，把它们以重叠的形式平放在位于盘卷冷却运输机入口端的斜面上。吐丝线圈直径为 1030mm，吐丝温度为 750~1000℃，轧件规格为 $\phi 5.5 \sim 13.5$ mm。

13.1.3.3 水冷箱

轧件从位于导管间的不锈钢喷嘴和除鳞喷嘴间穿过，喷嘴和除鳞喷嘴喷射冷却水至轧件表面达到冷却线材的目的。水冷段数为五段，全长为 23.67m，每段水压 0.4MPa，水冷后轧件温度为 750~950℃。

13.1.3.4 散卷冷却运输机

散卷冷却运输机主要作用是将成圈轧件从吐丝机运至集卷筒，中间按既定工艺控冷，并手动剪除头尾缺陷。散卷冷却运输机全长为 97.8m，改造前为 59.3m，改造后延长 37.5m，全辊道上设置有两个跌落段，第一个跌落段在新旧辊道结合处，第二个跌落段在集卷机前 6m 处的水平辊道处。运输速度为 0.1~1.0m/s。

13.2 马鞍山钢铁公司高速线材厂

马鞍山钢铁公司高速线材厂是我国第一家全套引进高速线材轧机的生产厂，也是引进高速线材轧机技术、装备比较成功的一例。

该轧机引进时，在设备选型上充分考虑了设备的先进性、经济性和实用性，并且，在引进硬件的同时引进了软件。硬件中除了全套生产主辅设备、公用设施外，还包括了备品备件，特殊工具及必要的材料等。软件中除了设计技术资料、施工安装、试车及生产的技术文件、资料和图纸、操作维修手册、技术诀窍、专利技术等资料；还有国外培训、专家指导等。这些软件也为我方生产技术人员加快消化引进技术及掌握操作技能奠定了基础。

1987年5月该厂热试轧一举成功，并很快就轧出了符合国际先进标准的多种规格、多种钢种的优质线材。在试轧的第二个月就达到设计的最大轧制速度100m/s，第三个月就创造了双线轧制达120m/s的速度，成为当时世界上较高轧制速度的线材轧机。

图13-1为该厂主要设备及工艺平面布置图，其有关数据如下：

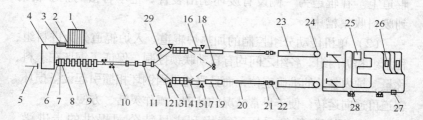

图13-1 马鞍山钢铁公司高速线材厂工艺平面布置图
1—步进式上料台架；2—钢坯剔废装置；3—钢坯秤；4—组合式步进加热炉；
5—钢坯推出机；6—钢坯夹送辊；7—分钢器；8—钢坯卡断剪；
9—七架水平二辊式粗轧机；10—飞剪；11—四架水平二辊式中轧机；
12，16—侧活套；13，17—卡断剪；14—四架平—立紧凑式预精轧机；
15—飞剪及转辙器；18—碎断剪；19—十架45°无扭精轧机组；
20—水冷段；21—夹送辊；22—吐丝机；23—斯太尔摩运输机；
24—集卷筒；25—成品检验室；26—打捆机；
27—电子秤；28—卸卷机；29—废品卷取机

产品：φ5.5~16mm；

坯料：130mm×130mm×16m；

轧制速度：100m/s；

轧制线数：2；

年产量：400kt；

盘重：2000kg；

粗中轧机组：$\phi560mm \times 4 + \phi475mm \times 3 + \phi475mm \times 1 + \phi410mm \times 3$；

预精轧机组：平—立悬臂式 $\phi285mm \times 4$；

精轧机组：西马克—摩根型 $\phi210.5mm \times 2 + \phi158.8mm \times 8$；

控制冷却线：斯太尔摩型（辊道式）；

设备状况：引进西马克全新设备。

现将该套轧机装备特点简要介绍如下：

（1）步进式钢坯上料台架。该台架可在运行中把并齐放置的钢坯逐根分开，便于观察钢坯表面缺陷和把钢坯逐根移到入炉辊道上。在辊道另一侧设有废坯剔出装置，把不合格的钢坯收集到废料收集槽中。

（2）单机传动分组控制的加热炉辊道。入炉辊道分为进料组、称量组和炉内组。各组之间均有自动联锁控制，保证了钢坯在上料、称量、炉内各处的准确定位，而且避免了因钢坯相撞引起设备损坏。辊道可逆向运转，便于异常情况的处理，操作灵活、方便。

（3）钢坯加热炉采用了意大利皮昂特公司提供的步进梁、步进底组合式加热炉。该炉型避免了步进梁式炉和步进底式炉的缺点，而兼两者之优点。钢坯在炉内受到四面加热，断面加热均匀，加热质量得到可靠保证，从而为轧钢生产优质产品提供了必要的先决条件。其生产能力额定为 120t/h，连续为 136t/h，峰值为 140t/h。该炉自动化程度高，装有微机化仪表和计算机监控系统，有 100 条对应产量、钢种的加热曲线。它还具有结构合理、设计先进、密封好、烧损小、能耗低等优点。

（4）平–立交替悬臂辊环式的紧凑型预精轧机。各机架间有立活套，机组前后各有一水平活套。实现了单线、无扭、无张力轧制，改善了进入精轧机组的轧件的断面形状和尺寸精度，使精轧机组成品尺寸精度得到保证。

（5）"西马克–摩根"（SMS-MORGAN）重载型45°无扭精轧机组。该机组由 10 架轧机组成，集体传动，具有温轧能力（进精轧机温度可低到925℃），轧制力为普通轧机的 1.5 倍。它具有噪声低、振动小、运行及操作安全可靠之优点。可轧出高精度的线材产品。

(6) 延迟型斯太尔摩（辊式运输）控制冷却系统。该系统带有"佳灵"（OPTIFLEX）风量分配装置，它可对散卷线材实现均匀冷却，使线材在全长上和同一圈内的强度波动值很小，属斯太尔摩控冷工艺的较新技术。风机风量可在 0～100% 范围内分级调节。该运输机的辊道速度亦可调节，上部还设有可启闭的保温罩盖。所有这些都为线材控制冷却提供了最佳条件，使线材产品获得用户期望的性能。

(7) 采用卢森堡 CTI 厂提供的单轨钩式运输设备。钩式小车为单独电机传动，其运行、停止皆由 PLC 计算机系统控制。操作灵活可靠，运行稳定，是目前世界上较好的一种线卷运输机。线卷在运输过程中完成检查、取样、切头尾、修整、压紧打捆、称重、挂标牌及卸卷等精整工序。

(8) 德国施密茨厂提供的卧式打捆机，压紧力大，速度快，打捆质量好。

(9) 专用数控辊环磨床、凹槽铣床和磨轮修整机床为国际上闻名的德国温特产品。设备性能好，可加工和修磨高精度的光面及螺纹辊环孔槽。

(10) 每条轧制线配有 5 台不同类型的剪机，完成剪断、碎断、切头、切尾等功能。当轧线各机组出现故障时，剪机可及时地在该事故区前面将轧件剪断或碎断，避免轧件再进入事故区，减轻事故的危害。

(11) 轧机采用椭圆-圆孔型系统和新型的进出口辊式导卫装置。该系统使轧件在轧制过程中变形均匀。提高了轧辊使用寿命，改善了轧件表面质量，使用一套孔型可轧制多种规格的产品。

(12) 采用双层结构的主跨厂房。从加热区上料台架到集卷筒的轧制设备皆安装在 +5m 的平台上。油库、液压润滑站、各类管线、电缆、斯太尔摩风机设备、切头废钢处理设施及氧化铁皮沟等，布置在 ±0m 地平至 ±5m 平台之间，其优点是施工、安装及生产维护检修方便和充分利用场地。

（13）电气设备由德国西门子公司提供主辅传动直流电机，AEG 公司提供计算机主控制系统、逻辑控制和可控硅传动装置。

整个电气控制采用以分散的 87 台微机组成分级控制的计算机系统，对生产全过程进行自动控制，其主要功能为：

1）主控功能。直流主、辅传动速度基准值的设定；轧制程序、冷却程序的存储，数据显示；活套控制；故障监测及报警；轧辊寿命管理；物料跟踪；生产班报记录。

2）逻辑控制功能。交流传动、电磁阀、润滑油和液压设备的控制；监视联锁；以及提供故障显示。水冷、风冷段以及打捆机的控制。

3）传动控制功能。对轧机、剪机等直流传动电机的控制、监测和故障显示。

该系统具有编程简单、操作灵活、易于掌握、维修方便、且成本低、可靠性高、组件标准化、硬件互换性强、备品备件省等优点。

（14）齐全的车间电讯系统。采用了德国 E 型对讲系统。该系统有一个中心交换台和 27 个对讲站，为德国专利，具有单向、双向、选呼、组呼、集呼、扩呼、优先权等技术性能。为了便于观察加热炉内和轧线各点关键生产部位的生产实况，以提高生产效率，全线共设置了 9 台工业电视摄像机，13 台工业电视监视器。

（15）为了保证安全生产，整个轧线采用了安全防护措施，高速运转的设备都有安全罩密封，并且采用了安全联锁装置。

复习思考题

13-1　你所参观的线材车间采用什么样的轧机，轧机如何布置？

13-2　简述你所参观的线材厂的工艺流程。

13-3　线材厂采用几架剪切机，各自的作用是什么？

13-4　你所参观的线材厂采用什么样的孔型系统？

14 自动轧管机组生产无缝钢管

14.1 钢管概述

钢管广泛应用于日常生活、交通、地质、石油、化工、农业、原子能、国防以及机器制造工业等各部门,钢管被称为工业的"血管",通常约占轧材总量的 8% ~ 16%。

钢管可分为无缝钢管和焊接钢管两大类。

14.1.1 无缝钢管

根据生产方法,无缝钢管可分为热轧管、冷轧管、冷拔管、挤压管、顶管等。按断面形状,可分为圆形管和异型管两种,异型管有方形、椭圆形、三角形、六角形、瓜子形、星形、带翅管等多种复杂形状。钢管的最大外径达 1400mm(扩径管),最小直径为 0.1mm(冷拔管)。根据用途不同,有厚壁管和薄壁管,最小壁厚 0.0001mm。无缝钢管主要用作石油地质钻探管、石油化工用裂化管、锅炉管以及汽车、拖拉机、航空高精度结构管。

14.1.2 焊接钢管

根据焊接方法不同,有电焊管(电弧焊管、高频或低频电阻焊管和感应焊管等)、气焊管、炉焊管等。按照焊缝可分为直缝焊管和螺旋缝焊管。炉焊管用于管线;电焊管用于石油钻采和机械制造业;大直径直缝焊管用于高压油气输送;螺旋缝焊管用作管桩、桥墩等。焊管外径为 10 ~ 3660mm,壁厚为 0.1 ~ 25.4mm。焊接钢管比无缝钢管生产率高,成本低。因此,焊管在钢管总产量中所占比重不断增加。

14.2　自动轧管机组分类

　　自动轧管机组生产热轧无缝钢管是常用的方法之一，它具有产品范围广和生产效率高等优点。品种尺寸范围为：外径 12.7 ~ 660.4mm，壁厚 2 ~ 60mm，长度 4 ~ 16m。

　　按照所生产钢管的品种范围，可将自动轧管机组分为三大类。

14.2.1　小型机组

　　小型机组代表是 140 机组，可生产直径为 39 ~ 159mm，最小壁厚为 2.5 ~ 3.0mm 的钢管。

　　我国自行设计和制造的小型 76 自动轧管机组设备简单、投资少、建设快，在钢管生产中发挥过一定的作用。在 76 自动轧管机组基础上发展起来的 100 机组，可生产直径为 51 ~ 121mm，壁厚为 3.5 ~ 17mm 的无缝钢管。

14.2.2　中型机组

　　中型机组代表是 250 机组，可生产直径为 140 ~ 250mm，最小壁厚为 3.5 ~ 4mm 的钢管。

14.2.3　大型机组

　　大型机组代表是 400 机组，可生产直径为 250 ~ 529mm，最小壁厚为 4.5 ~ 5mm 的钢管。如增设扩径机最大管径可达 660mm。

14.3　钢管生产工艺流程

　　自动轧管机组的主要设备包括管坯准备设备、加热设备、穿孔设备、轧管设备、均整和定径设备、减径设备、矫直等精整设备、冷加工设备等。

　　100mm 自动轧管机上生产钢管的工艺流程如下：

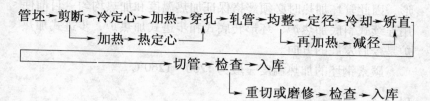

管坯→剪断→冷定心→加热→穿孔→轧管→均整→定径→冷却→矫直
　　　↳加热→热定心↳　　　　　　　　↳再加热→减径↳
　↳—————————切管→检查→入库
　　　　　　　　　↳重切或磨修→检查→入库

14.3.1　管坯准备

管坯的直径为 70～120mm（热轧坯），长为 4～6m。表面检查和清理后，在 1000t 剪断机上根据工艺要求切成定尺长度（800～2000mm）。

14.3.2　定心

管坯定心是指在管坯前端面中心钻或冲一个小孔穴，如图 14-1 所示。$d = (0.15～0.25)D$，D 为管坯直径；孔深根据定心目的而定，$l = 7～25mm$。

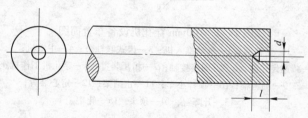

图 14-1　定心孔

定心目的是：避免毛管壁厚不均；使咬入过程稳定；增加管坯在顶头前与穿孔机轧辊的接触面积，增加管坯的咬入力；减少顶头鼻部的磨损；延长顶头的寿命。

定心有冷定心和热定心两种。冷定心在车床或钻床上进行；热定心是管坯加热后在热定心机上进行。

14.3.3　管坯加热

由于斜轧穿孔过程中坯料承受复杂的应力状态和剧烈的变

形，因此管坯加热时必须严格保证加热温度和加热均匀。目前使用连续式斜底加热炉、环形转底式和步进式加热炉，步进式加热炉是今后发展的方向。

碳素钢坯的加热温度一般为 1200～1260℃。

14.3.4 管坯穿孔

穿孔机的作用是将实心管坯穿成空心毛管，如图 14-2 所示为 100mm 穿孔机设备布置图。

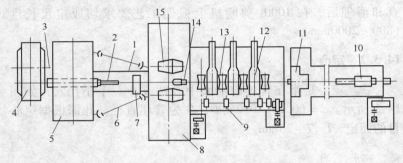

图 14-2　100mm 穿孔机设备布置简图

1—受料槽；2—气动推入机；3—齿式联轴节；4—主电机；
5—减速齿轮座；6—万向连接轴；7—扣瓦装置；8—穿孔机工作机座；
9—翻料辊；10—顶杆小车；11—止挡架；12—定心装置；
13—升降辊；14—顶头；15—轧辊

辊式穿孔机使用范围广，其轧辊为双锥形，如图 14-3 所示。轧辊轴线放置在两个互相平行的垂直面上，轧辊轴线在水平面上的投影是互相平行的，轧辊轴线与轧制线在垂直面上投影相交呈 5°～12°角，两个轧辊的旋转方向相同，所以穿孔时管坯做螺旋运动，在顶头与轧辊的碾轧下被穿成毛管。上、下导板的作用是与顶头、轧辊共同组成孔型，如图 14-4 所示。

14.3.5 毛管的轧制

轧管的作用是使毛管减壁延伸，使其壁厚接近或等于成品的

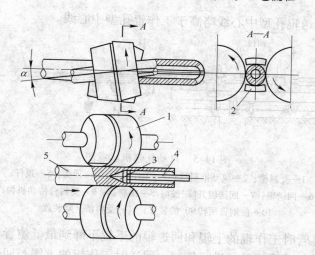

图 14-3 辊式穿孔示意图

1—轧辊；2—导板；3—顶头；4—顶杆；5—管坯-毛管

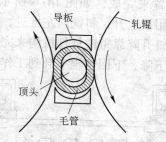

图 14-4 二辊斜轧穿孔的孔型构成

尺寸。

自动轧管机由主机、前台和后台 3 个部分组成。主机与二辊不可逆式纵轧机相似，其特点是在工作辊之后增设一对高速反向旋转的回送辊，如图 14-5 所示。工作辊的作用是轧管，回送辊的作用是将毛管由后台返送到前台；前台的作用是将毛管对正工作辊的孔型；后台的作用是安装和支撑顶杆。为了减少回送时间，回送辊的线速度大于工作辊的线速度，此外，为了使回送顺利，回送辊孔型中心线略高于工作辊孔型中心线。

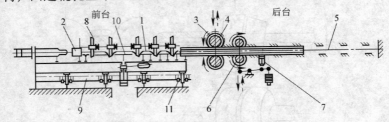

图 14-5　自动轧管机示意图

1—受料槽；2—风动推料机；3—工作轧辊；4—顶头；5—顶杆；
6—回送辊；7—回送辊升降气缸；8—抛料器；9—受料台传动机构；
10—使钢管回转 90°的装置；11—受料槽升降装置

轧管时工作辊的上辊和回送辊的下辊下降到最低位置，只有工作辊与毛管接触，进行轧制，回送时工作辊的上辊与回送辊的下辊同时上升，只有回送辊接触毛管，工作辊与毛管不接触。工作辊升降由斜铁装置来完成，如图 14-6 所示，当斜铁右移时，轧辊在平衡锤的作用下上升；斜铁向左推进，上轧辊被压下到工作位置。回送辊下辊升降靠重锤杠杆机构来完成，重锤升起，下回送辊下降；重锤下降，下回送辊上升到工作位置。

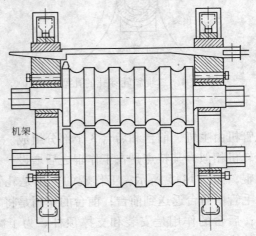

机架

图 14-6　自动轧管机结构

前台装有受料槽、推料机和横向移动机构；后台装有导管和支架，导管用来引导毛管的运动方向和支撑顶杆免受纵向弯曲，支架用来固定顶杆和调整顶头位置。

一般在轧管机上轧制两道，轧管机的工作过程如下：毛管由穿孔机送到前台受料槽，操作工在工作辊前放好顶头并往毛管撒盐以减小摩擦力；推料机将毛管推入轧管机轧管；第一道轧完后工人取下顶头；毛管回送；然后将毛管翻转90°，撒盐，放好顶头，推入，轧制第二道，取下顶头和回送，第二道轧制完毕毛管送均整机。

14.3.6 钢管均整、定径和减径

14.3.6.1 钢管的均整

毛管经轧管机轧制后壁厚减少，长度增加，但存在着壁厚不均和毛管不圆等缺点。均整机的作用就是碾轧钢管的内外表面，消除壁厚不均和管子的椭圆度。均整机的结构和工作过程与穿孔相似，但变形量很小，轧制速度较慢，故一般设置2台均整机，以均衡各机组的生产能力。

14.3.6.2 钢管的定径

均整后的钢管送往定径机轧制，以获得直径准确、外形圆整的钢管。

140mm自动轧管机组设有5架二辊式定径机，400mm机组设有7架，各架轧辊单独传动，轧辊轴线与水平线成45°，如图14-7所示。相邻两对轧辊轴线互相垂直，使钢管依次在两个垂直方向受压，定径是多机架的空心连续轧制过程，每架定径机轧辊上有一个断面顺轧制方向依次减少的椭圆孔型，其椭圆度顺轧制方向逐渐减小，一般椭圆度由1.1减小到1.0。各架孔型中心线应在同一水平线上。钢管在每架定径机中获得1%~3%的径向压缩量。末架不给压缩量而只起平整作用。定径温度必须高于

650～700℃，过低温度会造成冷硬脆性，影响钢管力学性能。1Cr18Ni9Ti 钢管的定径温度必须高于 900℃。

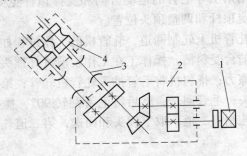

图 14-7　二辊式定径机

1—主电机；2—联合减速机；3—连接轴；4—轧辊

14.3.6.3　钢管的减径

直径大于 60mm 的钢管，由于顶杆强度和刚度的限制，很难由轧管机直接轧得，必须经过减径工序，所以减径除具有与定径相同的作用外，主要是用于获得小直径钢管。用减径的方法也可生产异型钢管。因此现在许多中小型自动轧管机组和焊管机组中都装有减径设备，以扩大产品品种范围、提高机组生产能力，特别是张力减径机的出现，更显示出减径机的优越性。

减径过程具有较大的直径压缩变形。均整后的钢管约为700～800℃，为了减少减径时的变形抗力，降低能量消耗，并改善质量，需将钢管送入斜底室状加热炉或快速加热炉内加热到990～1100℃，再送至减径机上进行减径。

减径机的数目为 9～24 架，机架结构与定径机相同，单独传动，140 自动轧管机组为 20 架。这种减径机可生产外径为 57～120mm，壁厚为 4.5～26mm 的钢管。减径机组布置在与定径机平行的作业线上，每个机架直径压缩量为 1%～5%。考虑来料尺寸的波动，第一、第二架直径压缩量为允许压缩率的一半，最后机架不给压缩而只起平整作用。

张力减径是一种新的减径工艺，它具有以下优点：扩大了产品的范围，可生产直径为 10 ~ 190mm，壁厚为 2 ~ 6mm，长度为 40 ~ 140m 的钢管；减小了金属的变形抗力，提高了压缩率，提高了产量；变化张力大小可得到不同壁厚的薄壁钢管。

14.3.7　钢管的冷却和精整

14.3.7.1　钢管的冷却

经过定径减径的钢管，温度在 700℃ 以上，必须先送到冷床上进行冷却，在 100 机组上广泛采用链式冷床，一般采用自然冷却。但对轴承钢管，为了防止网状碳化物的析出，可在冷床上增设风扇和喷雾，以提高冷却速度。

为了判定钢管的轧制质量，需在冷床上定期取样，进行钢管表面质量及尺寸检查，以便及时改进轧制操作或调整轧机。

14.3.7.2　钢管的精整

钢管的精整一般包括矫直、切头、修磨、检查分级、液压实验等工序。特殊用途的钢管尚需分别进行管端加厚、端头定径、车丝、热处理和涂防腐剂等工序。

钢管的弯曲度不允许超过 0.5 ~ 1.0mm/m，所以需进行矫直。大口径钢管常用压力矫正；小口径钢管常用拉伸矫直机进行矫正；一般口径的钢管用五辊或七辊斜辊式矫直机进行矫正。

复习思考题

14-1　自动轧管机组如何标称？

14-2　简述自动轧管机组生产无缝钢管的工艺流程。

14-3　简述自动轧管机组的设备概况。

附录 综合性复习题

（1）钢铁联合企业的总工序，哪一部分是顺序进行，哪一部分是并列进行？

（2）比较对比你所参观的线材厂和棒材厂，有哪些地方是相同的，有哪些地方是有区别的？

（3）比较对比你所参观的轧钢厂的加热炉，有哪些地方是相同的，有哪些地方是有区别的？

（4）比较对比你所参观的轧钢厂，哪一个厂子有除鳞设备，哪一个没有，为什么？

（5）比较对比你所参观的轧钢厂的轧制设备，有哪些地方是相同的，有哪些地方是有区别的？

（6）比较对比你所参观的轧钢厂，哪一个厂子有水冷设备，哪一个没有，叫什么名字？

（7）比较对比你所参观的轧钢厂，哪一个厂子有矫直设备，哪一个没有，为什么？

（8）比较对比你所参观的轧钢厂，哪一个厂子有冷床或空冷设备，哪一个没有，有的话叫什么名字？

（9）比较对比你所参观的轧钢厂的剪切机形式，有哪些类型，都叫什么名字？

（10）你所参观的轧钢厂加热炉是如何上料的，如何入炉，如何出炉？

（11）三段式加热炉三段的作用是什么？

（12）为什么轧件越轧越长？

（13）什么是连轧，哪个厂子采用了连轧？

（14）型钢轧机、板带轧机、钢管轧机是如何命名的？

（15）小棒材、高线轧制时为什么要扭转？

（16）小棒材、高线轧制时如何实现四面轧制？

（17）什么叫飞剪，小棒材、高线轧制时飞剪的作用是什么？

（18）小棒材精轧机往往采用平立交替，为什么这样做？

（19）哪一个车间有活套，活套的作用是什么？

（20）螺纹钢形状在哪一架轧机实现？

（21）高线车间和棒材车间为什么要切头？

参 考 文 献

[1] 王明海. 冶金生产概论 [M]. 北京：冶金工业出版社，2008.

[2] 高泽平，贺道中. 炉外精炼 [M]. 北京：冶金工业出版社，2005.

[3] 徐曾啟. 炉外精炼 [M]. 北京：冶金工业出版社，1994.

[4] 王廷溥，齐克敏 [M]. 金属塑性加工学——轧制理论与工艺. 北京：冶金工业出版社，1998.

[5] 张景进. 中厚板生产 [M]. 北京：冶金工业出版社，2005.

[6] 张景进. 热连轧带钢生产 [M]. 北京：冶金工业出版社，2005.

[7] 张景进. 板带冷轧生产 [M]. 北京：冶金工业出版社，2006.

[8] 肖白. 我国冷轧板带生产技术进步20年及展望 [J]. 轧钢，2002，12，6.

[9] 袁志学，马水明. 中型型钢生产 [M]. 北京：冶金工业出版社，2005.

[10] 袁志学，杨林浩. 高速线材生产 [M]. 北京：冶金工业出版社，2005.

[11] 戚翠芬，张树海. 加热炉基础知识与操作 [M]. 北京：冶金工业出版社，2005.

[12] 李登超. 现代轨梁生产技术 [M]. 北京：冶金工业出版社，2008.

[13] 贾艳，李文兴. 铁矿粉烧结生产 [M]. 北京：冶金工业出版社，2006.

[14] 贾艳，李文兴. 高炉炼铁基础知识 [M]. 北京：冶金工业出版社，2010.

[15] 贾艳，时彦林，刘燕霞. 高炉炼铁工 [M]. 北京：化学工业出版社，2011.

[16] 时彦林，贾艳，刘燕霞. 连续铸钢生产实训 [M]. 北京：化学工业出版社，2011.

[17] 冯捷. 转炉炼钢生产 [M]. 北京：冶金工业出版社，2006.

[18] 沈才芳，孙社成，程建斌. 电弧炉炼钢工艺与设备 [M]. 北京：冶金工业出版社，2001.

[19] 田乃嫒. 薄板坯连铸连轧 [M]. 北京：冶金工业出版社，2009.

[20] 任吉堂，朱立光，王书桓. 连铸连轧理论与实践 [M]. 北京：冶金工业出版社，2002.